WIR SIND DANN MAL TEURER

SELBSTBEWUSST PREISE ERHÖHEN, OHNE KUNDEN ZU VERLIEREN

ROMAN KMENTA

VoV media

Impressum

2. Auflage 06/2022

Umschlaggestaltung: Monika Stern / sternloscreative
Layout: VoV media
Illustration: VoV media
Lektorat/Korrektorat: VoV media
Bildrecht: Freepik hole-from-ball 73

Verlag: VoV media – www.voice-of-value.com

ISBN Taschenbuch: 978-3-903845-07-7

Die Inhalte dieses Buches wurden mit größter Sorgfalt erstellt. Für die Richtigkeit, Vollständigkeit und Aktualität der Inhalte können wir jedoch keine Gewähr übernehmen. Dieses Buch enthält Links zu externen Webseiten Dritter, auf deren Inhalte wir keinen Einfluss haben. Deshalb können wir für diese fremden Inhalte auch keine Gewähr übernehmen. Für die Inhalte der verlinkten Seiten ist stets der jeweilige Betreiber oder Anbieter der betreffenden Seiten verantwortlich. Zum Zeitpunkt der Publikation dieses Buches lagen uns – nach Prüfung dieser Webseiten – keine Hinweise auf Rechtsverstöße vor. Sollten solche zu einem späteren Zeitpunkt bekannt werden, werden wir die Links so rasch wie möglich entfernen.

Bei der Wiedergabe von Gebrauchsnamen, Handelsnamen, Warenbezeichnungen und eingetragenen Marken wurde – im Sinne der leichteren Lesbarkeit – auf die Markenzeichen verzichtet.

Im Buch wird auf verschiedene Produkte verwiesen, die zum Teil auf Amazon zu kaufen sind. Als Amazon-Partner verdient der Autor an qualifizierten Verkäufen.

INHALTSVERZEICHNIS

VORWORT

„Wir sind dann mal teurer!" Das wäre natürlich eine sehr selbstbewusste bis freche Variante, Ihre Kunden von einer Preiserhöhung in Kenntnis zu setzen. Darin steckt auch bereits ein sehr wichtiger Faktor für erfolgreiche Preiserhöhungen: die Überzeugung des Verkäufers, dass die neuen, höheren Preise absolut ok und definitiv nicht zu hoch gegriffen sind.

Doch die wirtschaftliche Praxis sieht ganz anders aus. Preiserhöhungen sind für Verkäufer, Unternehmer, Selbstständige und Unternehmen in vielen Branchen ein heikles Thema. Es ist vielen unangenehm, mehr zu verlangen. Im Rahmen einer Stammkundenbeziehung könnten Kunden auf Preiserhöhungen verärgert reagieren und sogar die Beziehung beenden.

Für etwaige neue Geschäfte verschlechtern Preiserhöhungen die Chancen, Aufträge zu erhalten – so zumindest die Befürchtung vieler Verkäufer. Und ja, da ist etwas dran. All das könnte geschehen und geschieht bisweilen auch.

Gleichzeitig sind Preiserhöhungen für viele Unternehmen, die ich kenne, unerlässlich, um über einen längeren

Zeitraum hinweg nicht nur Umsatz zu machen, sondern profitabel zu bleiben bzw. zu werden. Umsätze sind schön, aber reichen nicht, um ein Unternehmen längerfristig erfolgreich zu betreiben.

Es muss Gewinn, ordentlicher Gewinn, erwirtschaftet werden. Und das wiederum geht nur mit Preisen, die das ermöglichen. Natürlich spielen auch die Kosten eine wesentliche Rolle. Niedrige Kosten lassen umso mehr Spielraum für höhere Erträge. Auch damit sollten Sie sich als Unternehmer oder Führungskraft beschäftigen. Sie sind jedoch nicht Thema dieses Buches.

Was die Preiserhöhungen angeht, so sind wir oftmals in einer Zwickmühle: Wir wissen, dass wir diese brauchen, sträuben uns aber – aus oben genannten Gründen – dagegen, diese umzusetzen.

Genau aus diesem Grund habe ich dieses sehr spezielle Buch geschrieben. Es soll Ihnen helfen, Preiserhöhungen nicht nur als notwendiges Übel zu betrachten, sondern als wichtige Strategie in Ihr Unternehmen zu implementieren.

Es wird Ihnen als Unternehmer oder Führungskraft Ideen für Vorgehensweisen und Strategien liefern, wie Sie Preiserhöhungen so planen können, dass diese erfolgreich und profitabel umsetzbar sind. Diese Strategien betreffen nicht nur die Kommunikation dem Kunden gegenüber, sondern teilweise das Unternehmen als Ganzes.

Gleichzeitig finden Sie in diesem Buch aber auch kurze, einfache Tipps, wie Sie eine geplante Preiserhöhung Kunden möglichst so präsentieren und verkaufen, dass dieser Sie „trotzdem noch liebt".

Alles in allem ist es ein Buch, das Sie dabei unterstützt, Ihr Geschäft noch profitabler zu machen.

Viel Erfolg dabei!

Roman Kmenta

BEVOR WIR BEGINNEN

Bevor wir in das Thema dieses Buches einsteigen, noch ein Hinweis. Es gibt eine eigens für dieses Buch erstellte Ressourcenseite unter
https://www.romankmenta.com/bap-preiserhoehungen/

Dort finden Sie:

- eine umfassende Checkliste zur Planung und Umsetzung Ihrer Preiserhöhung zum kostenlosen Download,
- Links zu vertiefenden Blogbeiträgen und Podcasts,
- ergänzende Bücher und andere Produkte.

Schauen Sie am besten jetzt gleich vorbei, holen Sie sich Ihre Checkliste und verschaffen Sie sich einen Überblick.

DER PREIS ALS STÄRKSTER HEBEL FÜR DEN GEWINN

Preiserhöhungen sind ein wichtiges und sehr aktuelles Thema für Sie. Das unterstelle ich Ihnen, da Sie dieses Buch ansonsten vermutlich nicht gekauft hätten. Doch vielleicht ist es Ihnen noch gar nicht bewusst, wie wichtig das Thema tatsächlich für Sie und Ihr Unternehmen ist.

Wenn Sie etwas verkaufen und dabei Ihren Gewinn erhöhen wollen, dann können Sie, wie erwähnt, entweder bei den Kosten (dem Einkaufspreis bzw. den Produktionskosten) oder beim Verkaufspreis ansetzen. Beides macht grundsätzlich Sinn, wobei ich immer wieder beobachte, dass Firmen zu viel Augenmerk auf die Kostenseite legen und sich förmlich „zu Tode sparen", gleichzeitig aber seitens des Verkaufspreises viel Geld liegen lassen oder sogar verschwenden.

Dabei ist der Ertragshebel des Verkaufspreises stärker als jener der Kosten. Warum?

Ein Beispiel dazu:

- Lassen Sie uns annehmen, Sie verkaufen ein Produkt um 200 €, das Sie um 100 € herstellen bzw. einkaufen.
- Bei einer Kosteneinsparung reduzieren Sie Ihre Kosten beispielsweise um 5 %. Das macht bei einem Einkaufspreis von 100 € eine Einsparung von 5 €.
- Setzen Sie hingegen bei Ihrem Verkaufspreis an, dann können Sie ganz schnell erkennen, dass der Hebel hier viel stärker ist. Bei einem Verkaufspreis von 200 €, den Sie um 5 % erhöhen, bringt Ihnen das zusätzlich 10 € an Deckungsbeitrag.
- Das heißt, wenn Sie es schaffen, im selben prozentuellen Ausmaß am Verkaufspreis zu drehen wie an den Kosten, wirkt sich das deutlich stärker aus – doppelt so stark in unserem Beispiel. Und natürlich spricht gar nichts dagegen, Kosten sinnvoll zu reduzieren UND die Preise zu erhöhen, wenn Sie das können.

Auch wenn es – wie zum Beispiel im Handel – ganz dünne Margen gibt, so ist der Hebel des Preises immer noch höher als der der Kosten. Je höher die Margen sind, desto höher ist auch der Hebel des Verkaufspreises.

Gewinnverdopplung durch minimale Preiserhöhungen

Gleichzeitig sind Preiserhöhungen gerade bei sehr geringen Margen und Deckungsbeiträgen enorm wichtig. Im Handel etwa wird typischerweise mit Jahresgewinnen von 0 – 5 % gerechnet (Ausnahmen bestätigen die Regel).

Wenn ein Handelsunternehmen z. B. 1 % Gewinn vor Steuern am Jahresende ausweist (manche Händler wären noch froh darüber) und es schafft (bei gleichbleibenden Kosten) eine durchschnittliche Preiserhöhung von nur 1 % durchzusetzen, ohne einen Kunden oder ein Geschäft zu verlieren, dann sind die Auswirkungen auf den Gewinn enorm.

Dieser wächst in diesem Fall nämlich um satte 100 %. Wir sprechen von einer Gewinnverdopplung mit nur 1 % Preiserhöhung. Viele Unternehmer und Verkäufer – auch solche, die im Handel tätig sind – geben unumwunden zu, dass eine Preiserhöhung um 1 % absolut möglich ist.

Anders betrachtet: Sollten sich in einer solchen Situation die Kosten nur geringfügig erhöhen und Sie mit den Preisen nicht entsprechend mitziehen, kann das schnell dazu führen, dass sich ihre ohnehin dürftigen Gewinnspannen vollkommen in Luft auflösen oder Sie sogar in der Verlustzone landen. Bildlich gesprochen: Wenn Sie am

Rand des Abgrundes entlanggehen, reicht schon ein einzelner kleiner Schritt, um abzustürzen.

Zusammengefasst könnte man sagen, dass in jeder Situation Preise und Preiserhöhungen ein extrem wichtiger Faktor für den wirtschaftlichen Erfolg Ihres Unternehmens sind.

SO ENTSCHEIDEN KUNDEN

Kunden (und damit wir alle) haben zwei Dinge im Kopf, die für die Kaufentscheidung wichtig sind: den Preis und den Wert. Der Kunde kauft dann, wenn nach seinem Empfinden der Wert höher ist als der Preis. Dabei entsteht der Wert ausschließlich im Kopf des Kunden und ist eine sehr subjektive Angelegenheit. Wenn allerdings der Preis höher ist als der Wert, dann kauft er nicht.

Sie haben daher zwei Möglichkeiten:

- Sie können den Preis senken (bzw. eben nicht erhöhen) und die Kostenführerschaft anstreben. Damit wird der Wert in Relation zu den Kosten höher und der Kunde kauft. Das ist allerdings mittelfristig für die meisten Unternehmen nicht profitabel und damit nicht machbar.
- Oder aber Sie erhöhen den Wert, damit der Kunde kauft. Diese Strategie ist sicherlich diejenige, mit der Sie auf lange Sicht mehr verdienen. Sie ist nachhaltiger. Auch wenn sie anspruchsvoller, aufwändiger und sicherlich zeitintensiver ist. Manchmal muss man auch Geld in diese Strategie

investieren, das aber gute Renditen in Form höherer Margen erwirtschaftet. Wenn Sie nicht die Größe und Marktmacht haben, langfristig Kostenführer zu sein - und diese haben vermutlich nur wenige meiner Leser, - ist es auch die einzige Strategie, die Sie verfolgen können.

Die Botschaft lautet aber nun nicht: Preise erhöhen. Das wäre zu kurz, zu vorschnell gedacht. Das würde nicht funktionieren, weil Sie Gefahr laufen, dass Ihr Preis dann höher als der Wert ist. Vielmehr lautet die Regel:

Erhöhen Sie zuerst den Wert
und dann den Preis!

Erst, wenn der Wert über dem Preis liegt, können Sie schrittweise mit dem Preis nachziehen, maximal bis zur Höhe des Wertes.

Die Rolle der Kosten

„Doch was, wenn die Kosten steigen und ich deshalb den Preis erhöhen muss, egal wie hoch nun der Wert ist?", könnte man an dieser Stelle verständlicherweise fragen. Da muss ich Sie vermutlich enttäuschen. Für Sie sind Ihre Kosten zwar sehr wichtig und Sie sollten diese definitiv kennen, im Auge behalten und auch optimieren. Zudem haben sie eine gewisse Relevanz in der Argumentation, doch im Grunde sind Ihre Kosten Ihrem Kunden egal.

Schließlich sind es Ihre Kosten und nicht seine. Kunden sind da gewissermaßen egoistisch – Zurecht würde ich meinen.

Ich bleibe dabei: Das letztlich einzig Ausschlaggebende, was die Um- und Durchsetzung Ihrer Preiserhöhungen angeht, ist der Wert, den Sie bzw. Ihr Angebot für Ihren Kunden haben. Daher werden wir uns sehr ausführlich damit beschäftigen, wie Sie diesen so erhöhen, dass Ihre Kunden die Preiserhöhung, wenn schon nicht mit Freude, so doch zumindest ohne allzu große Widerstände und Diskussionen akzeptieren.

WERTERHÖHUNG

Um den Wert zu erhöhen, muss man zuerst verstehen, wie der Wert überhaupt entsteht und wodurch wir diesen beeinflussen können.

Wie geschieht Werterhöhung?

Kunden haben bestimmte Bedürfnisse. Das können sehr allgemeine, grundlegende Bedürfnisse sein, wie z. B. das Bedürfnis nach Sicherheit oder Anerkennung. Andererseits hat Ihr Produkt bzw. Ihre Leistung bestimmte Merkmale, die sich in Produktnutzen übersetzen lassen. So sind bei einem Auto die Airbags z. B. Merkmale, die – als Produktnutzen übersetzt – für Sicherheit für Fahrer und Beifahrer sorgen.

Eine ganz wesentliche Aufgabe für jeden Verkäufer oder Marketer ist es, diese Merkmale in Produktnutzen zu übersetzen. Die Frage, die damit beantwortet werden muss, ist: Was hat der Kunde davon? Kunden kaufen keine Airbags, sondern Sicherheit.

Das allerdings reicht noch nicht. Ein Produktnutzen ist nicht automatisch ein Kundennutzen, sondern nur dann, wenn der Produktnutzen auf ein Kundenbedürfnis trifft.

Einem Kunden, der vor allem ein Freiheitsbedürfnis hat und dieses mit dem Auto ausleben will, sind die Airbags möglicherweise weniger wichtig. Die 250 PS hingegen und die damit verbundene Beschleunigung könnten sein Bedürfnis nach Freiheit schon eher befriedigen.

Genau dort, wo der Produktnutzen auf ein bestehendes Kundenbedürfnis trifft (und das muss dem Kunden nicht einmal bewusst sein), entsteht Wert für den Kunden. Ich nenne das den relevanten Kundennutzen. Genau dort, am relevanten Kundennutzen, können Sie auch ansetzen, um den Wert zu erhöhen.

Mehr zum Thema Kundennutzen und wie Sie diesen einsetzen finden Sie in den Beiträgen

- „Kundennutzen verkaufsstark formulieren" und
- „14 Kundenbedürfnisse, mit denen Ihr Geschäft abhebt",

die im Ressourcenbereich verlinkt sind (https://www.romankmenta.com/bap-preiserhoehungen/).

Die Regel für Werterhöhung lautet daher:

Wenn Sie den Wert Ihres Angebotes in den Augen Ihres Kunden steigern wollen, erhöhen Sie den relevanten Kundennutzen.

Das bedingt, dass Sie zuerst den relevanten Kundennutzen herausfinden. Das kann – je nach Verkaufssituation – tatsächlich jener einer Einzelperson sein. In diesem Fall lässt sich der relevante Kundennutzen in Gesprächen und durch Fragen herausfinden. Gleichzeitig lässt sich das Konzept aber auch im Marketing für bestimmte Zielgruppen nutzen. Wie für Einzelpersonen können Sie relevante Kundennutzen ganzer Zielgruppen ansprechen, die in diesen Punkten ähnlich bis gleich ticken.

Erst wenn der relevante Kundennutzen klar ist, kann dieser gezielt angesprochen und so der Wert erhöht werden.

Ansonsten wird viel Energie damit verschwendet, zu versuchen, den Wert mit etwas zu steigern, das vielleicht für den Verkäufer wertvoll ist (weil er andere Bedürfnisse hat), aber für den Kunden keinen Wert hat.

Der Köder muss dem Fisch schmecken
und nicht dem Angler.

Wenn es darum geht, die Bedürfnisse Ihrer Kunden – vor allem die einzelner Personen – zu ergründen, sind psychologische Fragetechniken sehr hilfreich. Mit den richtigen Fragen können Sie Dinge über Ihre Kunden herausfinden, die vielleicht noch nicht einmal Ihre Kunden selbst wissen und die für Sie sehr hilfreich sind.

Darauf im Detail einzugehen, würde nicht nur den Rahmen dieses Buches sprengen, sondern auch zu weit abseits des Themas liegen. Daher habe ich genau dazu ein separates Buch geschrieben: „Gut gefragt ist halb verkauft“. Darin finden Sie hilfreiche Fragetechniken für alle Verkaufssituationen und über vierhundert konkrete Fragen für Ihre Verkaufspraxis.

Zum Buch - https://amzn.to/3aDMmkf

Wo geschieht Werterhöhung?

Nachdem nun klar ist, wie Werterhöhung geschieht, stellt sich als Nächstes die Frage, wo Werterhöhung geschieht. Unternehmen haben mit ihren Kunden Berührungspunkte – im Marketing auch Touchpoints genannt. Dabei sei darauf hingewiesen, dass an diesen Touchpoints der Wert Ihres Angebotes nicht nur erhöht, sondern auch gesenkt oder gar vernichtet werden kann. Leider passiert das viel leichter und schneller, als man denkt. Ein einziges schlechtes Telefonat kann viel Wert, den Sie vorher so mühsam versucht haben aufzubauen, zerstören. Achtung daher: Touchpoints entfalten Ihre Wirkung auf den Wert in beide Richtungen.

Touchpoints kann man in analoge und digitale Touchpoints unterteilen. Ihre Produkte oder Dienstleistungen sind in den meisten Fällen der allerwichtigste Touchpoint in der Kundenbeziehung. Naturgemäß wird Ihr Kunde den Wert vor allem daran bemessen. Viele Verkäufer und Unternehmer sind allerdings zu stark auf das Produkt oder die Leistung fokussiert und meinen, dass dies das Einzige sei, was den Wert für den Kunden darstellt bzw. auch steigern kann. Das ist weit gefehlt. Es gibt eine lange Liste von weiteren Touchpoints, die werterhöhend oder eben auch wertsenkend wirken können.

Beispiele für digitale / online Touchpoints sind:

- Website
- Social-Media-Auftritte
- Online-Medienberichte
- digitale Werbung
- E-Mails

Beispiele für analoge / offline Touchpoints sind:

- Büro oder Firmengebäude

- Produkte
- Printwerbung / Plakate / Zeitungsberichte
- Radiointerviews
- Visitenkarten
- Schaufenster
- Firmenfahrzeuge (speziell, wenn diese mit Firmenlogos etc. beklebt sind)
- alle Mitarbeiter, mit denen es Kundenberührungspunkte gibt (und das sind ALLE)
- Sie selbst

Bei größeren Unternehmen lassen sich oft tausende solcher Customer Touchpoints identifizieren, aber auch in Kleinstunternehmen gibt es dutzende Kundenkontaktpunkte.

Da der Wert im Kopf des Kunden entsteht, muss es Ihr Ziel sein, die Kundenkontaktpunkte so zu gestalten, dass Ihre Kunden Ihnen, Ihrem Unternehmen bzw. Ihren Produkten und Dienstleistungen einen hohen Wert beimessen und das möglichst an allen Touchpoints.

Denn Ihr Kunde kauft – unabhängig von der Höhe des Preises – dann, wenn der empfundene Wert höher ist als der Preis. Je höher also der empfundene Wert, desto höher der Preis, den Sie erzielen können.

Wertaufbau an Touchpoints

Wie können Sie den Wert an Ihren Touchpoints nun erhöhen? Um dies möglichst zielgerichtet und effektiv zu tun, können Sie die folgende 4-Schritte-Strategie dafür nutzen:

- **Schritt 1**

  Listen Sie alle Ihre Touchpoints auf. Das können auch ein paar Dutzend sein, je nachdem wie detailliert Sie das machen und wie groß Ihr Unternehmen ist. Dabei können Sie wahrscheinlich die oben angeführten Punkte schon einmal als Basis nutzen. Doch ich bin davon überzeugt, dass Sie noch Weitere finden, die genau für Sie relevant sind.

- **Schritt 2**

  Begutachten Sie jeden dieser Touchpoints kritisch und holen Sie sich auch von anderen Feedback dazu ein. Das können ganz gezielt auch Menschen sein, die keine Ahnung vom jeweiligen Touchpoint haben. Gleichzeitig gibt es Touchpoints – Ihre Webseite beispielsweise – zu denen Sie definitiv auch von Experten Feedback einholen sollten.

- **Schritt 3**

  Priorisieren Sie die Touchpoints und legen eine Reihenfolge fest, in der Sie sich der Wertsteigerung an den einzelnen Touchpoints widmen wollen. Unabhängig von individuellen Faktoren ist Ihre Website in den meisten Fällen unter den Top 3, oft Nummer 1 auf Ihrer Prioritätenliste.

- **Schritt 4**

  Beginnen Sie am Wert Ihrer Touchpoints (in der Reihenfolge der festgelegten Prioritäten) zu arbeiten.

Typischerweise können Sie wieder von vorne beginnen, wenn Sie alle Touchpoints optimiert und den Wert in den Augen potenzieller Kunden gesteigert haben. Es ist ein nicht endender, aber profitabler Prozess für Ihr Unternehmen, in dessen Verlauf Sie wie in einer Spiralbewegung den Wert Ihres Angebotes immer weiter erhöhen.

Den Preis dem Wert anpassen

Wenn Sie erfolgreich am Wert Ihres Angebotes, Ihres Geschäftes bzw. an Ihrem eigenen Wert in der Außenwahrnehmung durch den Kunden gearbeitet haben, kommt der zwar erfreuliche, aber nicht minder schwierige Teil: Jetzt können Sie den Preis dem höheren Wert anpassen – sprich, den Preis erhöhen.

Viele meinen, es würde reichen mehr zu verlangen, um mehr zu verdienen. Doch ohne vorher dafür gesorgt zu haben, dass der Wert im Kopf des Kunden entsprechend hoch ist, wird diese Vorgehensweise nicht funktionieren. Wenn Sie versuchen, den Preis über den Wert hinaus zu erhöhen, werden Sie vermehrt auf Widerstand und Ablehnung stoßen. Die Anzahl und Heftigkeit dieser Widerstände, was dann oft in Preisgesprächen und Verhandlungen mündet, ist ein deutliches Signal dafür, dass Ihre Preis-/ Wertrelation nicht passt.

VORAUSSETZUNGEN FÜR ERFOLGREICHE PREISERHÖHUNGEN

Ihre Preisstrategie als Basis

Ob Sie ganz grundsätzlich Preise konsequent erhöhen oder Preise konsequent senken, hängt natürlich von Ihrer Strategie ab. Dabei spielen Themen wie:

- Unternehmensziele
- Größe des Unternehmens
- Kostenstruktur
- Image
- Art der Produkte bzw. Dienstleistungen

und vieles mehr eine Rolle.

In aller Tiefe in das Thema Unternehmensstrategien einzusteigen, würde den Rahmen dieses Buches sprengen. Was den Preis angeht, gibt es allerdings zwei grundlegende Strategien (das sind nicht die einzigen), auf die ich kurz eingehen möchte.

Niedrigpreisstrategie

Im Rahmen einer Niedrigpreisstrategie geht es darum, Ihr Produkt bzw. Ihre Leistung zu möglichst niedrigen Preisen anzubieten. Dafür ist es unerlässlich, mit möglichst geringen Kosten zu arbeiten oder sogar die Kostenführerschaft zu erreichen. Nur dann bleibt zumindest soviel Deckungsbeitrag übrig, dass Sie damit Geld verdienen können.

Ziel muss es dabei sein, möglichst große Marktanteile zu gewinnen und hohe Umsätze zu machen. Diese Strategie ist in vielen Fällen nur von großen Unternehmen umsetzbar. Nur ab einer gewissen Größenordnung haben Sie die Marktmacht, um sehr günstig einzukaufen. Auch Kostensenkungen in der Produktion werden oft leichter bei großen Anlagen und hohen Stückzahlen.

Aufgrund der meist dünnen Margen bei dieser Strategie ist sie auch anfällig bei Änderungen im Markt oder bei den Kosten. Bereits kleine Änderungen haben bei dünnen Margen eine enorme Auswirkung auf den Deckungsbeitrag. Sie können diese Rechnung mithilfe des Aktionsrechners (Sie finden ihn im Ressourcenbereich zum Buch - https://www.romankmenta.com/bap-preiserhoehungen/) leicht anstellen.

Für viele kleine oder mittelgroße Unternehmen ist aus genannten Gründen daher eine Niedrigpreisstrategie nicht der Weg, der am sinnvollsten erscheint, um die Erträge zu steigern.

Im Rahmen einer Niedrigpreisstrategie wird viel über die Frage *„Wie können wir unsere Preise senken, sodass unsere Kunden noch günstiger einkaufen können?“* nachgedacht. Doch auch in einem solchen Szenario sind Preiserhöhungen manchmal notwendig.

Hochpreisstrategie

Das andere Extrem ist eine Hochpreisstrategie. Dabei geht es darum, statt der Preis- oder Kostenführerschaft die Qualitätsführerschaft anzustreben. Statt der Billigste wollen Sie der Beste, der Innovativste, der Kreativste etc. sein – oder was auch immer Qualität für Sie bedeutet – und so den Fokus des Kunden vom Preis ablenken.

In diesem Szenario beschäftigen Sie sich mit der Frage: *„Wie können wir den Wert unseres Angebotes für den Kunden erhöhen, sodass er gerne mehr dafür bezahlt?“*. Preiserhöhungen sind, wie bereits erwähnt, die Folge dieser Wertsteigerungen.

Weder das eine noch das andere

Natürlich finden sich in allen Branchen jede Menge Unternehmen, die sich weder für die eine noch für die andere Strategie entschieden haben und irgendwo in der preislichen Mitte angesiedelt sind. Das ist allerdings meistens kein Ergebnis strategischer Überlegungen, sondern hängt oft damit zusammen, dass noch nie über die eigene Positionierung am Markt nachgedacht wurde. Man orientiert sich einfach an den Marktpreisen anderer.

Kann auch das funktionieren? Wie die Praxis zeigt: Ja. Allerdings verzichtet man dadurch auf den Preis als Faktor für das Marketing und auf all die Vorteile, die eine klare Positionierung mit sich bringt.

Sollten Sie das Thema Positionierung für Ihr Unternehmen genauer betrachten wollen, dann finden Sie die grundlegenden Strategien und über 500 Praxisideen dazu im „Großen USP Buch".

Zum Buch - https://amzn.to/390d9XA

Das Buch, das Sie gerade lesen, hat das Ziel, Ihnen möglichst viele Strategien aufzuzeigen, die Sie nutzen können, um Preiserhöhungen erfolgreich umzusetzen. Auch, wenn ich mich – dem Thema des Buches folgend – sehr deutlich und massiv für Preiserhöhungen ausspreche, ist es natürlich Ihre Entscheidung und Verantwortung, wie viel Preiserhöhung in Ihrer Situation machbar und sinnvoll ist. Es kann auch ein Zuviel an Preiserhöhung geben. Man kann sich auch „aus dem Markt preisen".

Arten von Preiserhöhungen

Grundsätzlich gibt es zwei Arten von Preiserhöhungen:

- Kostenanpassungen und
- echte Preiserhöhungen.

Bei Kostenanpassungen werden die Preise deshalb erhöht, weil sich die Kosten erhöhen. Dies bringt im Normalfall keine Margenerhöhung mit sich. Das bedeutet, dass zwar der Kunde mehr zahlt, Sie als Verkäufer aber nicht mehr verdienen. Kostenanpassungen sind sozusagen Pflicht, denn wenn Sie als Unternehmer Ihre Preise nicht regelmäßig steigenden Kosten anpassen, dann schrumpfen die Margen und Erträge beständig.

Anders sieht es allerdings bei einer echten Preiserhöhung aus. Hier werden die Preise erhöht, weil Sie mehr verdienen wollen. Hier gibt es eine echte Ertragssteigerung. Echte Preiserhöhungen sind meist schwerer umsetzbar und durchsetzbar, weil hier das Argument der Kostenanpassung fehlt. Hier ist Kreativität gefragt!

Während Kostenanpassungen Pflicht sind, könnte man echte Preiserhöhungen als Kür bezeichnen. Ist die Marge an sich gesund, geht es auch ohne. Und doch macht es sehr viel Sinn, wo immer möglich, Preiserhöhungen umzusetzen.

Im Rahmen der Strategien in diesem Buch werden wir beide Varianten – Kostenanpassungen und echte Preiserhöhungen – behandeln. Viele der Strategien lassen sich in beiden Fällen sehr gut einsetzen.

Warum Preiserhöhungen nicht gemacht werden

Die Gründe, warum Preiserhöhungen und sogar Kostenanpassungen oft nicht gemacht werden, bisweilen über Jahre hinweg, sind vielfältig:

- Manchmal werden sie einfach vergessen.
  So seltsam das klingen mag, aber es wird nicht daran gedacht, die Preise zu erhöhen. Das kann unter anderem damit zu tun haben, dass es ganz

andere geschäftliche Prioritäten gibt oder hängt auch oft mit dem nächsten Punkt zusammen.

- Oft besteht kein Leidensdruck, weil die Margen gut genug sind.
  Die Preise nicht zu erhöhen, weil man gut genug verdient, halte ich in den meisten Fällen für einen schweren Fehler, der sich meist nicht sofort, aber oft in der Zukunft rächt. Irgendwann wird die Preiserhöhung dann doch notwendig und fällt dann – aufgrund des Verzichts über einen möglicherweise auch längeren Zeitraum – größer aus. Ob eine Preiserhöhung gemacht wird oder nicht, sollte nicht primär vom eigenen Deckungsbeitrag bestimmt werden, wenngleich dieser natürlich wichtig ist. Vielmehr sollte das, was der Markt an Preisen erlaubt, das Maß der Dinge sein.

- Keine oder unzureichende Kalkulation – was dazu führt, dass ein Unternehmen glaubt, an einem Produkt oder Kunden Geld zu verdienen, in Wirklichkeit aber Verluste macht.
  Auch das kommt öfter vor, als Sie vielleicht denken. Nicht nur kleine, sondern bisweilen auch sehr große Unternehmen, vor allem jene in komplexen, mehrstufigen Geschäftsmodellen, tun sich oft schwer zu sagen, wie hoch die Kosten tatsächlich sind und wie viel sie an einem Produkt

oder Kunden verdienen. Auf meine Frage, ob sie denn wüssten, wie hoch der Deckungsbeitrag bezogen auf einen Kunden sei, antwortete mir der Geschäftsführer einer meiner Kunden im Logistikbereich, dass sie bei manchen Kunden nicht einmal wissen, OB sie überhaupt etwas verdienen.

- Zu viel (oder sogar alleiniger) Fokus auf Umsätze, Kunden und Projekte – Margen
  Große Teile der Wirtschaft quer durch alle Branchen sind zu einseitig auf bestimmte Kennzahlen – vor allem Umsätze und Marktanteile – fokussiert. Deckungsbeiträge und Gewinne werden interessanterweise oft vernachlässigt und dem Umsatz untergeordnet. Marktanteile werden bisweilen mit aggressiven Preisen erkauft. Das führt oft dazu, dass zwar steigende Umsätze, aber sinkende Gewinne verzeichnet werden. Erst dann, wenn es teilweise bereits zu spät ist, besinnt man sich auf das, was das Unternehmen tatsächlich langfristig ernährt und am Leben hält – hohe Deckungsbeiträge und solide Gewinne.

- Meist spielt Angst eine Rolle – Angst, Kunden oder Aufträge zu verlieren.
  Preiserhöhungen werden oft gemieden, weil man Angst hat, dadurch Kunden oder Aufträge zu

verlieren. Diese Angst ist natürlich durchaus verständlich. Genau das kann im Zuge einer Preiserhöhung auch passieren, wenngleich die Angst oft größer ist, als das damit verbundene Risiko, wenn Sie es richtig angehen.

Genau aus diesem Grund – Preiserhöhungen so zu machen, dass Sie Ihre Erträge steigern und das möglichst ohne Kunden und Aufträge zu verlieren – habe ich dieses Buch geschrieben. Doch selbst der Verlust von Kunden oder Aufträgen kann für Ihr Unternehmen gut sein. Warum? Das erfahren Sie im nächsten Abschnitt.

Weniger Umsatz, mehr Ertrag

Nicht außer Acht lassen darf man dabei eine – auf den ersten Blick seltsame – betriebswirtschaftliche Konstellation. Im Normalfall wird davon ausgegangen, dass mit steigenden Umsätzen und steigender Kundenanzahl auch die Gewinne steigen. Doch genau das ist oft nicht der Fall. Gewinne sind nicht nur von den Umsätzen entkoppelt, sondern entwickeln sich oft gegenläufig.

Nicht nur, dass die Gewinnspannen in Prozenten gemessen bei größeren Umsätzen oft kleiner ausfallen (große Aufträge werden oft mit knapperer Kalkulation erkauft – der klassische Mengenrabatt). Es kann sogar der absolute Gewinn bei steigenden Umsätzen sinken.

Die gute Nachricht ist, dass auch das genaue Gegenteil passieren kann und tatsächlich oft passiert: Steigende Gewinne bei kleineren Umsätzen. Durch verstärkten Fokus auf profitablere Geschäfte (Produkte, Dienstleistungen, Kunden, Märkte) kann mit weniger Umsatz überdimensional mehr Deckungsbeitrag erwirtschaftet werden. Weniger kann daher sehr viel mehr sein.

Natürlich muss das spezifisch für Ihr Unternehmen analysiert werden. Ob diese Rechnung aufgehen kann, hängt unter anderem sehr stark mit Ihren Fixkosten zusammen und wie einfach Sie diese reduzieren können. So ist es z. B. für jemanden mit großen Produktionsanlagen sehr viel schwieriger auf Umsatz zu verzichten, als für jemanden mit geringeren Fixkosten. Doch gibt es viele Bereiche und Branchen, in denen diese Strategie erfolgreich eingesetzt werden kann und auch wird.

Das ist die gute Nachricht, was Preiserhöhungen angeht. Selbst wenn Sie Kunden bzw. Stückzahlen durch eine Preiserhöhung verlieren, kann dabei für Sie unter dem Strich mehr Gewinn herauskommen. Sie können sogar im Vorhinein berechnen, wie viel weniger Umsatz Sie sich – ausgelöst durch eine Preiserhöhung – leisten können, um trotzdem davon zu profitieren.

Um sich die Rechnung zu erleichtern, können Sie den kostenlosen Aktionsrechner herunterladen.

romanKmenta
Keynote Speaker & Unternehmer

Aktionsrechner

Dieser Rechner beantwortet folgende Frage: „Um wie viel muss ich mehr bzw. weniger verkaufen, wenn ich den Preis erhöhe bzw. senke, um den gleichen Deckungsbeitrag zu erzielen?"

	bisher	neu
Verkaufspreis	19,00	18,00
Preisveränderung	-	-5,3%
Einkaufspreis/Herstellkosten	13,00	13,00
Einheiten	100,00	120,00
Veränderung Einheiten	-	20,0%
Deckungsbeitrag/Stück	6,00	5,00
Deckungsbeitrag gesamt	600,00	600,00

https://www.romankmenta.com/der-aktionsrechner/

Die Kommunikation von Preiserhöhungen

Es gibt drei Möglichkeiten, eine Preiserhöhung zu kommunizieren, wobei die dritte auf den ersten Blick eigenartig erscheinen mag:

- mündlich
- schriftlich
- überhaupt nicht

Die mündliche Ankündigung einer Preiserhöhung hat den Vorteil, dass Sie mit dem Kunden in direktem Kontakt stehen – per Telefon oder Face to Face – und seine Reaktionen daher sofort ablesen und speziell darauf eingehen können. Gleichzeitig hat die rein mündliche Mitteilung einer Preiserhöhung weniger Verbindlichkeit. Es können leichter Missverständnisse entstehen. Sollte es irgendwann zu einer Diskussion darüber kommen, fehlen auch die Belege darüber, wer was wann mitgeteilt hat.

Diese Nachteile der mündlichen Kommunikation können durch die schriftliche Mitteilung einer Preiserhöhung kompensiert werden. Oft ist es daher in der Praxis eine Kombination beider Varianten, die sich empfiehlt. Bei der Kombination sind wieder zwei Varianten möglich und können – je nach Strategie – auch Sinn machen.

- **Zuerst schriftlich und dann mündlich**
  Diese Reihenfolge hat den Vorteil, dass Sie eine erste mögliche emotionale Reaktion (falls diese überhaupt passiert) Ihres Kunden nicht unmittelbar mit- bzw. abbekommen. Bis zum persönlichen Kontakt hat er sich – sollte er sich darüber aufgeregt haben – zumeist bereits wieder beruhigt.

- **Zuerst mündlich und dann schriftlich**
  Diese Variante hat den Vorteil, dass Sie eine Reaktion des Kunden auf eine Ankündigung

höherer Preise zuerst testen können. Bei sehr starken Reaktionen können Sie die Preiserhöhung immer noch etwas anpassen – falls Sie diesen Spielraum eingeplant haben. Umgekehrt könnte es natürlich auch der Fall sein, dass Ihr Kunde die Ankündigung Ihrer Preiserhöhung gelassen entgegennimmt und kaum eine Reaktion zeigt. In diesem Fall könnten Sie sogar – wenn Sie noch keinen exakten Wert genannt haben – vielleicht sogar noch etwas höher greifen. Oft ist diese zweite Variante – zuerst mündlich und dann schriftlich – eine Strategie, die sich in der Praxis bewährt.

Wie erwähnt, gibt es aber auch die Variante, eine Preiserhöhung gar nicht anzukündigen, sondern einfach nur zu machen. Natürlich müssen Sie Ihren Kunden zu irgendeinem Zeitpunkt den neuen Preis mitteilen (im nächsten Angebot z. B.), doch das muss nicht in Form einer eigenen Ankündigung erfolgen. Oft machen Unternehmen das Thema „Preiserhöhung“ unnötig groß und geben ihm zu viel Bedeutung.

Es gibt durchaus Situationen bzw. Unternehmen, in denen eine „schleichende und stillschweigende“ Preiserhöhung Sinn macht und sogar der optimale Weg ist. Lassen Sie daher diese Variante bei der Planung Ihrer Preiserhöhungsstrategie nicht ganz außer Acht, sondern denken Sie zumindest auch darüber nach, bevor Sie diese gegebenenfalls verwerfen.

Stammkunden oder Neukunden

Wie Sie bei Preiserhöhungen strategisch und taktisch vorgehen, hängt auch davon ab, von welcher Art die Kundenbeziehung ist. Vier Varianten von Kundenbeziehungen gilt es dabei zu unterscheiden:

- **Kunden, mit denen fixe Vereinbarungen und Verträge bestehen**
  Das ist oft bei Industriezulieferern oder Großhandels- / Einzelhandelsbeziehungen der Fall. Bei Kunden mit Verträgen kommen Sie um eine explizite Thematisierung der Preiserhöhung natürlich nicht herum. Oft braucht es dafür eine (meist jährliche) Neuverhandlung von Teilen des Vertrages.

- **Regelmäßige Käufer (Stammkunden) ohne fixe Verträge**
  Die Kundin bzw. der Kunde, der jede Woche zweimal im selben Supermarkt einkauft, ist ein Beispiel dafür. Bei Stammkunden müssen Sie mit Fingerspitzengefühl vorgehen, was Preiserhöhungen betrifft. Vor allem bei jenen Produkten, die der Kunde regelmäßig kauft, ist jede Preisveränderung eine heikle Sache. Die Chance, dass der

Kunde den Preis sehr gut kennt und ihm eine Preiserhöhung auffällt, ist sehr hoch.

- **Fallweise Käufer**
  Bei Kunden, die fallweise bei Ihnen einkaufen ist die Gefahr naturgemäß geringer, dass eine Preiserhöhung auffällt. Das bedeutet allerdings nicht, dass diese Kunden die Preise nicht mit anderen Angeboten vergleichen. Möglicherweise fällt zwar nicht auf, dass Sie diese erhöht haben, sehr wohl aber, dass sie vielleicht im Vergleich zum Konkurrenten teurer sind.

- **Projektgeschäft**
  Weitgehend unempfindlich gegenüber Preiserhöhungen sind Kunden im Projektgeschäft (z.B. Industrieanlagenbau, Immobilienentwicklungen etc.). Oft handelt es sich dabei um komplexere Angebote, die aus vielen verschiedenen Produkten und Dienstleistungen bestehen. Dabei geht es, ähnlich wie bei fallweisen Käufern, nicht um die Preiserhöhung, sondern nur um den Preis und dessen Vergleich zu den Preisen der anderen Anbieter.

- **Neukunden bzw. einmalige Käufer**
  Bei einmaligen Käufern und Neukunden können Sie – mit Bedacht auf die generelle Mitbewerbersituation – die Preise einfach erhöhen, ohne groß

darüber zu sprechen. Es fehlt der Vergleich zu früheren Preisen.

Was Preiserhöhungen betrifft, sind zusammengefasst sind die ersten beiden Fälle:

- Kunden, mit denen fixe Vereinbarungen und Verträge bestehen und
- Regelmäßige Käufer (Stammkunden) ohne fixe Verträge

die schwierigsten. Daher beschäftigt sich dieses Buch im weiteren Verlauf genau mit diesen schwierigeren Fällen. Gleichzeitig werden Sie feststellen, dass Sie viele der folgenden Strategien und Taktiken auch in den anderen beschriebenen Situationen einsetzen können.

16 STRATEGIEN, TAKTIKEN UND TIPPS FÜR PREISERHÖHUNGEN

Im folgenden zweiten Teil des Buches finden Sie eine Reihe von möglichen Strategien und sinnvollen, bewährten Vorgehensweisen für die erfolgreiche Umsetzung von Preiserhöhungen. Nicht alle passen für jede Situation, jedes Produkt oder alle Branchen. Wählen Sie dabei jene aus, die Ihnen für Ihre geplante Preiserhöhung passend erscheinen.

Diese Strategien werden Sie dabei unterstützen, eine Preiserhöhung

- mit möglichst wenig Widerstand im eigenen Unternehmen,
- mit möglichst wenig Widerstand seitens Ihrer Kunden,
- mit möglichst keinem Verlust von Kunden oder Aufträgen,
- und möglichst profitabel um- bzw. durchzusetzen.

Es empfiehlt sich allerdings, sich gerade auch mit jenen Strategien zu beschäftigen, die Ihnen auf den ersten Blick ungewöhnlich, seltsam oder gar – für Ihre Situation – unmöglich erscheinen. Nur so können Sie auf neue Ideen und erfolgreiche Vorgehensweisen kommen.

Die Strategien sind auch zeitlich gestaffelt zu sehen. Mit einigen sollten Sie bereits Monate vor der geplanten Preiserhöhung beginnen, andere wiederum sind unmittelbar in den Gesprächen einsetzbar, die Sie mit Ihren Kunden führen, nachdem Sie die Preiserhöhung verkündet haben. Was ich damit auch sagen will, ist, dass eine gute Preiserhöhung von langer Hand geplant werden muss, wenn sie gelingen soll. Das heißt auch, gerade, wenn Sie unmittelbar keine Preiserhöhung umsetzen, ist es möglicherweise genau der richtige Zeitpunkt sich mit der nächsten Erhöhung in ein paar Monaten zu beschäftigen. Jetzt haben Sie noch Zeit dafür und können die Sache entspannt und gut vorbereitet angehen. Gerade in Zeiten wie diesen könnte man sagen:

„Nach der Preiserhöhung ist
vor der Preiserhöhung"

Strategie #1 – Szenarien berechnen

Wie bereits erwähnt, ist ein verbreiteter Fehler im Zusammenhang mit Preisen, den erstaunlich viele Firmen machen, keine Preiserhöhungen oder diese viel zu selten zu machen. Wahrscheinlich ist der Hauptgrund dafür Angst, dass die Preiserhöhung Umsatz und Aufträge kostet und Kunden nicht mehr kaufen. Vor allem in kompetitiven Märkten mit vielen, möglicherweise preisaggressiven Mitbewerbern ist diese Befürchtung auch nicht grundsätzlich von der Hand zu weisen.

Dieser Angst können Sie entgegenwirken, indem Sie Szenarien berechnen. Die Grundfrage bei dieser Berechnung ist: Wie viel Umsatz können Sie sich leisten durch eine Preiserhöhung zu verlieren und dennoch denselben Deckungsbeitrag wie vor der Preiserhöhung zu erzielen? Es könnte gut sein, dass Sie über das Ergebnis dieser Rechnung erstaunt sind.

Ein kleines, stark vereinfachtes Rechenbeispiel dazu:

Ausgangssituation: Produkt A

- Produktionskosten 15 € / Stück
- Verkaufspreis 20 € / Stück
- Absatzmenge 1.000 Stück
- Deckungsbeitrag pro Stück 5 € (20 € – 15 €)
- Deckungsbeitrag gesamt 5.000 € (5 € x 1.000)

Wir planen nun eine Preiserhöhung von 5 %. Wie hoch ist das Risiko, dabei nicht nur Umsatz, sondern auch Deckungsbeitrag zu verlieren? Wie viel Umsatzrückgang können wir uns leisten, ohne beim Deckungsbeitrag schlechter auszusteigen?

- Produktionskosten neu 15 € / Stück (unverändert)
- Verkaufspreis neu 21 € / Stück
- Deckungsbeitrag pro Stück 6 € (21 € – 15 €)
- Stück benötigt, um denselben Deckungsbeitrag wie vorher zu erreichen: 5.000 €: 6 = 833 Stück

Das würde einem Umsatzrückgang pro Stück von ca. 17 % entsprechen. Das bedeutet, wenn z. B. 10 % weniger Stück infolge der Preiserhöhung verkauft werden, verdienen wir immer noch mehr.

Natürlich ist das eine vereinfachte Rechnung. Die Praxis ist oft viel komplexer. Es geht um fixe Kosten, sprungfixe Kosten, um Zusatzverkäufe, um die Auslastung der Produktion, um Image und Glaubwürdigkeit und vieles mehr, was das Ergebnis der Rechnung und die Schlussfolgerungen, die Sie daraus ziehen, beeinflusst.

Dennoch ist es wichtig und sinnvoll, diese vereinfachte Rechnung anzustellen. Auch, wenn das Ergebnis nicht exakt sein mag, hilfreich ist es allemal, da es Ihnen zumindest einen Richtwert gibt.

Auf Basis dieses Richtwertes können Sie nun beurteilen, wie wahrscheinlich es ist, dass Sie – wie in unserem Rechenbeispiel – 17 % verlieren. Oft wird es so sein, dass die Rechnung Werte ergibt, deren Eintreffen Sie bzw. Ihre Verkäufer als sehr unwahrscheinlich erachten. Das wiederum gibt Ihnen die Sicherheit und das Selbstvertrauen, das Sie bzw. Ihre Vertriebsorganisation benötigen, um die geplante Preiserhöhung erfolgreich um- und durchzusetzen.

Selbst, wenn Kunden abspringen und Sie Umsätze bzw. Stückzahlen verlieren, können Sie immer noch als Gewinner in Bezug auf Ihre Erträge aus der Preiserhöhung hervorkommen.

Sollten Sie Ihn noch nicht haben, dann holen Sie sich jetzt den kostenlosen Aktionsrechner. Dieses Tool hilft Ihnen nicht nur, die Sinnhaftigkeit von Aktionen zu berechnen, sondern unterstützt Sie auch bei Ihren Überlegungen zu Preiserhöhungen. Sie finden ihn hier – https://www.romankmenta.com/der-aktionsrechner/.

Strategie #2 –
Das richtige Timing beachten

Wenn Sie eine Preiserhöhung durchführen, dann ist natürlich auch das richtige Timing ausschlaggebend dafür, wie einfach Sie die Preiserhöhung umsetzen und durchsetzen können. Dabei kann es nicht nur Widerstand vom Markt geben. Oft kommt Widerstand aus der eigenen Vertriebsorganisation lange bevor die Kunden überhaupt von der Preiserhöhung wissen.

Mit Timing ist dabei nicht nur die Jahreszeit gemeint, wenngleich die Jahreswende ein guter Zeitpunkt für eine Preiserhöhung sein kann. In Sachen Timing gibt es eine Reihe von Umständen, Rahmenbedingungen und Anlässen, die es Ihnen enorm erleichtern können, eine Preiserhöhung durchzuführen.

Die Jahreswende

In vielen Branchen und Sektoren ist über Jahre hinweg gelernt, dass die Preise zur Jahreswende erhöht werden. Die Verkäufer wissen das und die Kunden erwarten es. Daher ist niemand überrascht oder verärgert, wenn die alljährliche Preiserhöhung kommt.

Das bedeutet nicht, dass Kunden nicht von der Höhe der Preissteigerung unangenehm berührt sein können. Und es bedeutet auch nicht, dass nicht darüber diskutiert oder verhandelt wird. Dennoch macht es die Sache leichter, wenn die Preiserhöhung zu einem Zeitpunkt kommt, zu dem sie von allen erwartet wird.

Wenn Sie in einer Branche tätig sind, in der die Jahreswende typischerweise für Preiserhöhungen genutzt wird, sollten Sie diese Chance keinesfalls ungenutzt verstreichen lassen, selbst, wenn Sie meinen, dass eine Erhöhung zu diesem Zeitpunkt nicht unbedingt nötig ist.

Was Sie haben, haben Sie! Das gilt auch für Margen und Erträge. So bauen Sie einen Puffer auf. Dieser gibt Ihnen mehr Spielraum bei einzelnen Kunden oder Projekten bzw. für Zeiten, zu denen Sie jeden Euro Deckungsbeitrag dringend brauchen. Erfahrungsgemäß werden auch diese wiederkommen.

Kostensteigerungen

Wie ein Elfmeter in Sachen Preiserhöhung sind Kostensteigerungen. Wenn die Kosten bei wichtigen Rohstoffen für Ihr Produkt, Personalkosten oder auch etwa Transportkosten steigen, dann haben Sie eine gute Gelegenheit, eine Preiserhöhung ohne großen Widerstand durchzuführen. Wie vorhin erwähnt, müssen Sie das kalkulatorisch auch tun, weil Sie sonst Deckungsbeitrag verlieren.

Eine echte Preiserhöhung ist das zwar nicht, aber im Zuge einer Kostensteigerung könnten Sie vielleicht auch etwas mehr an Preissteigerung unterbringen, als es aufgrund der Kostensteigerung notwendig wäre und so doch noch ein bisschen etwas für Ihr Ertragswachstum tun.

Medienberichte

Je mehr die großen Medien über Kostensteigerungen bzw. steigende Preise berichten, umso besser sind die Rahmenbedingungen für Ihre Preiserhöhung. Wenn sogar die großen Tageszeitungen auf dem Cover bringen, dass bestimmte Preise oder Kosten steigen, wird niemand mehr überrascht sein, dass auch Sie die Preise erhöhen. Das ist ein starker Rückenwind für Ihre Preiserhöhung.

Mitbewerber erhöhen Preise

Wenn Ihre Mitbewerber die Preise erhöhen, dann leisten diese damit auch die Vorarbeit für Ihre Preiserhöhung. Wenn viele andere es tun, dann können Sie das sehr viel leichter auch machen.

Was in vielen Branchen zu beobachten ist, ist, dass viele Anbieter warten, bis der Marktführer die Preise erhöht und sich dann in dessen Windschatten anschließen. Doch diese Vorgehensweise kann man auch umgekehrt betrachten. Nachdem quasi gelernt ist, dass der Marktführer zuerst erhöht, heißt das im Umkehrschluss auch, dass der, der zuerst erhöht, Marktführer ist bzw. seinen Anspruch auf die Position unterstreicht (auch wenn die Zahlen vielleicht noch nicht dafür sprechen).

Die Preiserhöhung vor allen anderen Mitbewerbern ist eine selbstbewusste Geste, die auch aussagt:

- *„Ich kann mir das leisten!“*
- *„Wir sind stark genug.“*
- *„Unsere Produkte sind wertvoll.“*
- *„Wir sind Marktführer.“*

Wenn Sie daher auf der sicheren Seite sein wollen, dann warten Sie bis Ihre Mitbewerber, speziell der Marktführer, die Preise erhöhen und hängen sich mit Ihrer Preiserhöhung in deren Windschatten an. Wenn Sie allerdings Stärke zeigen wollen, dann erhöhen Sie Ihre Preise vor allen anderen.

Nutzenerhöhungen

Kunden sind bereit, mehr zu bezahlen, wenn Sie mehr bekommen, d. h. der Wert Ihres Produktes für die Kunden gestiegen ist. Das bedeutet, wenn sich der Nutzen, den der Kunde hat (und damit der Wert) durch irgendeine Produktverbesserung erhöht hat, dann sollten Sie diese Gelegenheit für eine Preiserhöhung nicht ungenutzt verstreichen lassen. Wenn es in der neuen, verbesserten Version für den Kunden mehr wert ist, darf es auch mehr kosten.

Neue Produkte

Natürlich braucht ein neues Produkt einen neuen Preis. Im Zuge dieser Preisfestlegung lässt sich eine Margenerhöhung mit Fingerspitzengefühl leichter einbauen als bei einem bestehenden, unveränderten Produkt, weil sich das neue Produkt dem direkten Vergleich mit dem alten ein Stück weit oder auch vollkommen (bei echten Innovationen und Neuentwicklungen) entzieht.

Vertrieb beschwert sich nicht

Das ist ein Punkt, den vor allem Führungskräfte sehr aufmerksam lesen sollten. Der Vertrieb ist oft sehr sensibel, was die Höhe der Preise betrifft. Vertriebsmitarbeiter haben bisweilen die Tendenz (ohne einer Leserin oder einem Leser zu nahe treten zu wollen), sich über die zu hohen Preise im eigenen Unternehmen zu beschweren. Natürlich werden gleichzeitig die viel besseren Preise der Mitbewerber für vergleichbare Produkte oder Leistungen angeführt. Das hat mit Zahlen, Daten und Fakten nicht unbedingt etwas zu tun, sondern ist oft eine individuelle Sichtweise. Auch eine Portion Emotionen ist da häufig im Spiel und vernebelt die Sicht auf die Marktverhältnisse. Gleichzeitig sagen die Vertriebsmitarbeiter Ihrer Konkurrenz möglicherweise dasselbe.

Wenn der Vertrieb nach erreichten Umsätzen und nicht nach Deckungsbeiträgen entlohnt wird, ist das auch ein – aus der Verkäufersicht – ökonomisch sinnvolles Verhalten. Doch selbst bei variablen Gehaltsbestandteilen, die an Deckungsbeiträge gekoppelt sind, ist dieses Verhalten zu beobachten. Die Angst, durch die Preiserhöhung Umsätze und Kunden zu verlieren, ist oft größer als die Hoffnung, dadurch die Deckungsbeiträge zu steigern. Wenn es hart auf hart kommt, dann wiegen Umsätze, Stückzahlen und Marktanteile fast immer stärker als Deckungsbeiträge und Erträge – bei Vertriebsmitarbeitern und auch bei Führungskräften.

Um dem entgegenzuwirken und die Sichtweise der Vertriebsmitarbeiter zu verändern, kann es sehr hilfreich und überzeugend sein, Szenarien für die Preiserhöhung durchzurechnen (siehe Strategie #1).

Daher sollte es Ihnen zu denken geben, wenn Ihr Vertrieb sich nicht darüber beschwert, dass die Preise zu hoch sind und der Mitbewerb viel billiger ist. Es ist ein Signal dafür, dass die Zeit für eine allgemeine Preiserhöhung oder selektive Preisanpassungen gut sein könnte. Je nachdem wie es um Ihr Pricing steht, könnte dieses Signal sogar eine Alarmglocke sein.

Sie gewinnen immer

Ein junger Mann hat mir im Rahmen eines Seminars einmal voller Stolz erzählt, dass er immer abschließt. Eine 100-prozentige Abschlussquote lässt mich natürlich hellhörig werden. Er erklärte mir, dass er Infrarot-Heizelemente an Privathaushalte verkaufe und blieb dabei, dass er immer etwas verkaufe. Als ich ihm daraufhin eröffnete, dass er ein Problem habe, blickte er mich erstaunt an.

Wenn Sie sehr selten oder nie ein Geschäft oder einen Kunden wegen eines zu hohen Preises verlieren, dann haben Sie ein Problem. Warum und welches? Sie sind zu billig.

Auch eine zu hohe Abschlussquote kann ein Signal für eine mögliche Preiserhöhung sein. Wenn der Grund für eine Absage niemals der zu hohe Preis ist, dann bedeutet das, dass Sie permanent unter Ihren preislichen Möglichkeiten bleiben und den Spielraum bis zur Preis-Schmerzgrenze (dem Wert) des Kunden nicht nutzen.

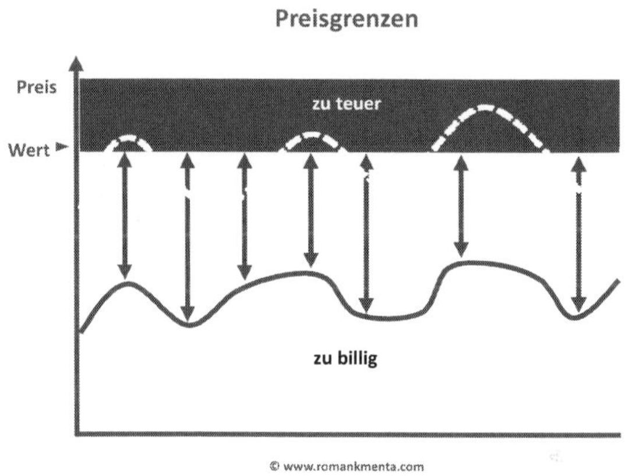

Sie verschenken Geld. Sehr viel mehr sogar, als Sie die eine oder andere Absage wegen eines zu hohen Preises kostet.

Prüfen Sie die Möglichkeiten einer Preiserhöhung und nehmen Sie Preisanpassungen vor – solange bis Sie Widerstand von Kunden- bzw. Marktseite spüren. Preiseinwände von Kunden zu erhalten, Preisverhandlungen zu führen und ggf. sogar das eine oder andere Geschäft wegen eines zu hohen Preises, der im Grunde auf einem zu niedrigen Wert Ihres Angebotes im Kopf des Kunden beruht, zu verlieren ist ab und an völlig in Ordnung. Ich würde es sogar für Ihren Vertrieb als gesund bezeichnen – klarerweise, solange der Prozentsatz irgendwo in einem vernünftigen Rahmen bleibt. Wie hoch eine „gesunde" Abschlussquote ist, lässt sich nicht allgemeingültig sagen. 100 % ist definitiv zu hoch, wenn Sie kein Monopol auf etwas haben, dass alle dringend benötigen.

Strategie #3 – Regelmäßig Preise erhöhen

Preiserhöhungen werden von mehr Unternehmen verabsäumt, als man annehmen würde. Teilweise über Jahre hinweg. Entweder gab es keine Gründe für Preiserhöhungen oder man hatte keine guten Argumente für Preiserhöhungen. Manchmal wird aber auch schlicht auf die Preisanpassung verzichtet, weil keine Not besteht. Wenn alles läuft, warum daran etwas ändern?

Doch wenn man dann nach längerer Zeit doch eine Preiserhöhung durchführen will oder muss, ist der Jammer bisweilen groß, viel größer als notwendig wäre. Das hat zwei Gründe:

- **Die Preiserhöhung ist dann oft eine große**
  Mehrere kleine Preiserhöhungen über Jahre hinweg nicht durchgeführt, summieren sich zu einem respekteinflößenden Prozentsatz, der auch schon mal zweistellig werden kann. Jedes Jahr 1-3 % zu erhöhen, ist deutlich leichter, als nach drei oder fünf Jahren dann plötzlich 10 % mehr zu verlangen. Dass über Jahre die Preise nicht erhöht wurden, ist dann ein Argument, das die Kunden dann oft nicht wirklich gelten lassen.

- **Die Kunden sind Preiserhöhungen nicht gewöhnt**
  Wenn Sie nur sporadisch und unregelmäßig Preise erhöhen, stellt sich der Gewöhnungseffekt bei Ihren Kunden nicht ein. Niemand erwartet Preiserhöhungen, die nicht mit aller Regelmäßigkeit kommen.

Machen Sie es sich daher zur Angewohnheit, Preise regelmäßig zu erhöhen. Zumindest einmal im Jahr. Zumindest ein wenig. Immer wieder einmal kleine Preiserhöhungen durchsetzen ist viel einfacher als eine große Preiserhöhung, ein Preissprung nach längerer Zeit.

Das betrifft vor allem echte Preiserhöhungen (mit Margensteigerungen). Reine Kostenanpassungen müssen Sie gegebenenfalls öfter machen, immer dann, wenn die Kosten sich entsprechend verändern. Die gute Nachricht, die ich von Verkäufern und Unternehmern immer wieder höre, ist, dass Kunden nicht unbedingt Preissenkungen verlangen, wenn die Kosten sinken. Das bedeutet, dass so Kostenanpassungen mittelfristig zu echten Margensteigerungen führen können.

Strategie #4 – Preiserhöhungen professionell vorbereiten

Immer wieder passiert es, dass Kunden von Preiserhöhungen Wind bekommen oder sogar informiert werden, bevor die Vertriebsorganisation ausreichend darauf vorbereitet ist. So kann es dann sein, dass verärgerte Kunden anrufen und auf Mitarbeiter treffen, die mit der Situation überfordert sind.

Bereiten Sie daher Preiserhöhungen, speziell für Ihre Mitarbeiter mit Kundenkontakt, gut vor. Diese müssen gewappnet sein und genau wissen, wie sie auf etwaige Einwände von Kunden reagieren können und welche Möglichkeiten sie haben, um die Preisänderung aktiv zu nutzen, um z. B. auch Zusatzverkäufe zu generieren. Bereiten Sie Ihr Team vor, lange bevor Sie die ersten Kunden über die Preiserhöhung informieren.

Preiseinwände im Rahmen von Preiserhöhungen sind absehbar, Argumente und Strategien der Einwandbehandlung daher einfach vorzubereiten.

Was genau ist vorzubereiten?

Dabei reicht es bei weitem nicht aus, dem Vertriebsteam die neuen Preise mitzuteilen. Vor allem dann nicht, wenn es sich um die eingangs beschriebenen schwierigeren Fälle handelt, bei denen z.B. Jahresvereinbarungen mit Kunden verhandelt werden. Eine professionelle Vorbereitung der eigenen Organisation auf eine Preiserhöhung umfasst deutlich mehr als das.

Die richtige Einstellung

Die Basis für die erfolgreiche Umsetzung der Preiserhöhung ist die richtige eigene Einstellung. Sie als Verkäufer bzw. Unternehmer müssen von der Preiserhöhung überzeugt sein. Halten Sie selber diese für zu hoch oder für nicht gerechtfertigt, so wird Ihr Kunde das sehr wahrscheinlich bemerken.

Die Gefahr, dass Sie dann bezüglich der neuen Preise eine gewisse Unsicherheit ausstrahlen, ist groß. Leicht verrät man sich durch körpersprachliche, stimmliche oder inhaltliche Unsicherheiten (sogenannte Weichmacher – dazu später mehr). Menschen haben einen sechsten Sinn für so etwas.

Ziele und Verhandlungsspielräume konkret definieren

Auch das angestrebte Ziel ist im Vorfeld klar, greifbar und konkret zu definieren. Was genau und konkret möchten Sie im Gespräch erreichen?

- Soll der Kunde die Preiserhöhung akzeptieren und ihr zustimmen?
- Wollen Sie erst einmal nur die Reaktion des Kunden testen?
- Wollen Sie die Basis für weitere Verhandlungen legen?

Hier ist auch eine Einteilung in Haupt- und Subziele denkbar bzw. sinnvoll. Hauptziel ist es meist, die geplante Preiserhöhung durchzusetzen. Ein mögliches Subziel könnte sein, die Sichtweise des Kunden zur geplanten Preiserhöhung zu ermitteln. Ein anderes Subziel wäre es, einen nächsten Gesprächstermin zu vereinbaren.

Was das Zahlenwerk, die Höhe der Preisanhebung, betrifft, sollten Sie sich klarmachen, was Sie konkret erreichen wollen und mehrere Zielpreise definieren.

- **Startpreis (Walk In Preis)**
  Das ist der Preis bzw. Prozentsatz an Erhöhung, mit dem Sie die Verhandlung beginnen (daher Walk In Preis). Dieser sollte über dem Zielpreis liegen, wenn Sie bereit sind, in der Verhandlung

Zugeständnisse zu machen, was die prozentuale Erhöhung betrifft. Damit setzen Sie einen hohen Preisanker. Das bedeutet, dass das das Level ist, von dem Sie Ihr Kunde ggf. herunterhandeln muss. Händler auf Märkten und Basaren machen das schon immer so. Sie verlangen einfach mehr als sie haben wollen, um letztlich das zu erhalten, was sie wollen.

- **Zielpreis**
  Das ist der Wert, den Sie tatsächlich erreichen wollen. Wenn von vorneherein klar ist, dass Sie nicht nachgeben werden, entspricht Ihr Zielpreis dem Walk In Preis. Ob das der Fall ist oder nicht hängt primär auch von den Markt- und Machtverhältnissen ab. Je mehr Macht Sie gegenüber dem Kunden haben, desto weniger Konzessionen müssen Sie machen.

- **Minimumpreis (Walk Away Preis)**
  Der Minimumpreis oder die Mindesterhöhung ist Ihre Untergrenze. Darunter sind Sie nicht mehr bereit, mit dem Kunden weiterhin Geschäfte zu machen. Das klingt hart, ist aber wichtig. Es muss diese Grenze geben. Ansonsten würden Sie in Situationen kommen, bei denen Sie mit einem Kunden bzw. Geschäft zu wenig verdienen bzw.

> sogar Verluste machen. Machen Sie sich daher klar: Darunter geht nichts.
>
> Ihr Fokus in etwaigen Gesprächen sollte allerdings nicht auf dem Minimumpreis liegen, da die Gefahr, dass Sie genau dort landen, ansonsten steigt. Legen Sie den Minimumpreis bzw. die Mindesterhöhung schriftlich fest, schieben Sie diesen Wert dann aber gedanklich wieder zur Seite.

Diese Vorgehensweise ist vor allem dann sehr wichtig, wenn Sie bezüglich Ihrer neuen Preise mit dem Kunden, oft sogar über mehrere Runden hinweg, Verhandlungen führen.

Wenn Sie Vertriebsmitarbeiter haben, ist es ist wichtig, diesen diese unterschiedlichen Preise bzw. Prozentsätze sehr klar zu kommunizieren. Diese müssen wissen, ob bzw. welche Spielräume sie in Bezug auf die Preiserhöhung haben.

Verhandlungsfelder definieren

Doch bei den Verhandlungsspielräumen geht es nicht nur um den Preis selbst. Sie können auch alle möglichen anderen Faktoren, die für Sie bzw. den Kunden relevant sein können und mit den Konditionen in Zusammenhang stehen, beinhalten. Verhandlungsfelder können sein:

- Rabatte (Großmengen, Platzierung, Sonderprodukte etc.)
- Boni
- Werbekostenzuschüsse
- Zahlungskonditionen
- Gegengeschäfte
- Finanzierungen

Je nach Unternehmen und Branche kann es dabei noch weitere Faktoren geben. Wenn verhandelt wird, dann muss es nicht immer nur der Preis sein, um den es geht. Wenn Sie das Verhandlungsspektrum vergrößern, steigt die Wahrscheinlichkeit, dass Sie eine Einigung finden.

Ein gutes Verhandlungsergebnis im Zuge einer Preiserhöhung hat weniger mit einem Herumzerren am Preis zu tun, sondern ist vielmehr eine Frage von kreativen Lösungen, die manchmal jenseits des Tellerrandes sind. Doch diese kreativen Lösungen fallen einem normalerweise in der Hitze des Gefechtes nicht ein. Sie müssen vorbereitet werden.

Agenda festlegen

In einer guten Vorbereitung darf natürlich eine gut geplante Agenda für ein Gespräch, bei dem es um Ihre Preiserhöhung geht, nicht fehlen. Die Reihenfolge der Gesprächspunkte sollte festgelegt werden, um dem

Gespräch den von Ihnen gewünschten Verlauf zu geben. Diese Agenda kann und sollte auch bereits im Vorfeld mit dem Kunden abgestimmt werden.

Auch hier gibt es ein paar Dinge zu beachten:

- Die Agenda sollte möglichst nur drei bis maximal sechs Punkte haben. Sollten es mehr sein, dann fassen Sie diese bitte zu Über- bzw. Unterpunkte zusammen.
- Eine logische Reihenfolge dieser Punkte ist Voraussetzung. Das heißt, dass Sie sich genau überlegen sollten, welche Punkte Sie zuerst behandeln und welche danach. Die Preiserhöhung selbst kann, aber muss nicht unbedingt der erste Gesprächspunkt sein.
- Am professionellsten ist natürlich eine schriftliche Version (wo diese passend ist), die Sie entweder dem Kunden vorher bereits zugesendet haben oder zumindest zum Gespräch mitnehmen. Je nach Größe der Gesprächsgruppen können natürlich auch Datenprojektionen bzw. Flipcharts zum Einsatz kommen.

Analyse der Vergangenheit

Eine eingehende Analyse des abgelaufenen Zeitraumes (oft wird das ein Jahr sein) ist für die professionelle Umsetzung einer Preiserhöhung unerlässlich. Damit ist nicht nur eine allgemeine Analyse der Marktentwicklungen gemeint (Preise, Mitbewerber etc.). Diese muss ohnehin vor der Kalkulation der neuen Preise gemacht werden.

Es geht vielmehr um die Zahlen einzelner Kunden, speziell dann, wenn es sich um Großkunden oder Key Accounts handelt. Eine solche Analyse bringt Ihnen oft sehr gute Argumente für die Durchsetzung Ihrer Preiserhöhung beim Kunden. Sie können daraus aber auch ablesen, welche Einwände der Kunde gegebenenfalls in diesem Zusammenhang bringen könnte.

Folgende Fragen könnte Ihre Analyse beantworten:

- Wie viel hat der Kunde gekauft und in welchen Tranchen?
- Wie ist das Bestellverhalten?
- Welche Produkte kauft er, welche (noch) nicht?
- Wie viel Deckungsbeitrag wurde mit dem Kunden verdient. In diesem Punkt lauern oft unangenehme Überraschungen, vor allem bei größeren Kunden, da der Deckungsbeitrag oft deutlich niedriger ist als erwartet.
- Wie schnell und problemlos bezahlt der Kunde?
- Wie ist sein Reklamationsverhalten?

- Welche zusätzlichen Kosten verursacht er und wodurch?
- Welche Rabatte, Zuschüsse oder Boni hat er in der Vergangenheit erhalten?

Diese und weitere Fragen bzw. vielmehr die Antworten darauf sind ein solides Fundament für Ihre Gespräche im Rahmen einer Preiserhöhung. Sie liefern Ihnen oft sehr gute Argumente, die Sie erfolgreich anführen können, wenn Ihr Kunde Einwände gegen die Preiserhöhung erhebt.

Gesprächsszenarien durchdenken

Speziell, wenn es um größere Geschäfte bzw. größere Kunden geht, können Sie sich im Vorfeld sogenannte Gesprächsszenarien überlegen. Was tun Sie, wenn ein Kunde auf eine bestimmte Art und Weise reagiert? Mögliche Varianten auf die Reaktionen des Kunden können im Vorfeld überlegt und auch definiert werden.

Letztlich sollten Sie idealerweise durch nichts, was der Kunde macht, wenn Sie mit ihm über die Preiserhöhung sprechen, überrascht, sondern auf alle Reaktionen vorbereitet sein.

Preiseinwände und Reaktionen darauf

Preiseinwände des Kunden sind im Zuge von Gesprächen über Preiserhöhungen sehr wahrscheinlich und sollten Sie keinesfalls überraschen. Darauf sollten Sie bestens vorbereitet sein.

Das Buch „Zu teuer – 118 Antworten auf Preiseinwände" leistet in diesem Zusammenhang unschätzbare Dienste und rechnet sich für Sie schon beim nächsten Preisgespräch.

Hier geht es zum Buch - https://amzn.to/3m9vkgs

Hier spielen natürlich auch Nutzenargumente eine große Rolle. Wenn Sie dem Kunden gut erklären können, weshalb Sie die Preise erhöhen und welchen (zusätzlichen bzw. neuen) Nutzen der Kunde daraus gewinnt, haben Sie gute Karten. Denken Sie dabei an die Unterscheidung zwischen kostenbasierten Preiserhöhungen und einer echten Preiserhöhung. Dazu folgen später noch ein paar Argumentationspunkte, die je nachdem unterschiedlich sind.

Kalkulationen dabei haben

Nehmen Sie Ihre Kalkulationen zum Preisgespräch mit. Es könnte nötig sein, sich im Gespräch eine Auszeit zu nehmen, um die Kalkulationen nochmals durchzugehen.

Rollenverteilung festlegen

Festlegen sollten Sie auch die Rollenverteilung, sollten mehrere Personen beim Gespräch über die Preiserhöhung dabei sein. Je mehr Personen beteiligt sind, desto besser müssen Sie sich vorbereiten. Einfacher ist es natürlich, ein solches Gespräch alleine zu führen. Doch manchmal macht es Sinn, Spezialisten (aus Controlling, Produktion etc.) für Spezialfragen bzw. den Vorgesetzten (aus macht- und verhandlungspsychologischen Gründen) dabei zu haben.

Wenn Sie mehrere bei einem solchen Gespräch sind, dann klären Sie unbedingt im Vorfeld folgende Fragen:

- Wer ist der Verhandlungsführer? Das muss nicht unbedingt der Ranghöchste sein.

- Was soll gesagt werden und von wem?
- Worüber soll keinesfalls gesprochen werden?
- Wer spricht über den Preis und wer nicht? Dass sich jemand verplappert oder zu weit hinauslehnt, passiert relativ leicht.
- Wer darf gegebenenfalls einen Nachlass, Boni etc. gewähren? Das sollte nicht grundsätzlich der Chef sein, sondern eher derjenige, der auch sonst der Ansprechpartner des Kunden ist.

Üben, üben, üben

Bei großen Kunden, Gesprächen mit mehreren Teilnehmern und besonders wichtigen Verhandlungen über Preiserhöhungen macht es durchaus Sinn, die bevorstehenden Gespräche in verteilten Rollen zu üben. Dabei kann ein Trainer oder Berater hilfreich sein. Wenn die Beträge, um die es geht, groß sind, rechnen sich dieser Aufwand und die zusätzlichen Kosten rasch. Bei hohen Umsätzen sind schon 0,1 % mehr oder weniger richtig viel Geld im Laufe eines Jahres.

Strategie #5 – Negative Erwartungen erhöhen

Verkäufern wird oft nachgesagt, dass sie zu vieles versprechen, das sie dann nicht halten können. Ich selbst habe das immer wieder erlebt und in meiner langen

Verkaufslaufbahn wahrscheinlich auch schon gemacht. Das bedeutet, es werden beim Kunden positive Erwartungen geweckt, die dann enttäuscht werden.

Wenn es um Preiserhöhungen geht, sollten Sie genau das Gegenteil machen. Wecken Sie ganz gezielt und frühzeitig negative Erwartungen bezüglich einer geplanten Preiserhöhung und deren Ausmaß. So setzen Sie einen sogenannten hohen negativen Preisanker.

Sie können dem Kunden bereits einige Monate vor der tatsächlichen Preiserhöhung mündlich ankündigen, dass es eine Anhebung geben wird. Das ist keine offizielle Vorankündigung, sondern eher eine, die ganz nebenbei im normalen Kundenkontakt, mündlich und ganz unverbindlich erfolgt.

Bei dieser mündlichen Vorankündigung bleiben Sie mit dem Preis bzw. der Erhöhung, die Sie nennen, über der tatsächlich geplanten bzw. angestrebten Preiserhöhung. Sie nennen keine genauen Werte, sondern geben dem Kunden nur einen groben Richtwert.

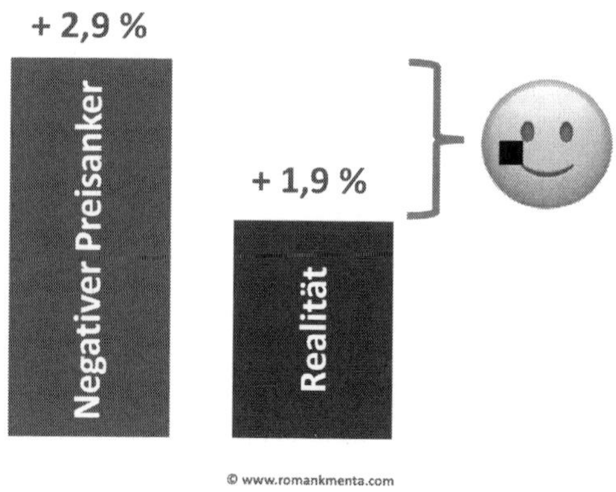

Dieses Vorgehen hat folgende Vorteile für Sie:

- Sie erhalten die Reaktionen des Kunden auf diesen Plan. Je nachdem wie die Kunden reagieren, können Sie die geplante Preiserhöhung auch noch nachjustieren (mehr oder weniger).
- Sie erzeugen beim Kunden eine höhere, negative Erwartung und haben die Möglichkeit, ihn dann durch eine Preiserhöhung, die unter dieser Erwartung bleibt, positiv zu überraschen.
- Der Kunde ist schon vorab informiert und ist über die eigentliche Preiserhöhung nicht überrascht, wenn sie dann stattfindet. Er hat Zeit, sich an den Gedanken zu gewöhnen.

Das alles sind gute Gründe Preiserhöhungen von langer Hand zu planen. Diese Strategie können Sie nur mit einer gewissen Vorlaufzeit einsetzen.

Strategie #6 – Gleichzeitig senken und erhöhen

Bisher ging es nur um eine Erhöhung der Preise. Bei Ihrer Preiserhöhung müssen allerdings nicht alle Ihre Preise erhöht werden. Sie können auch gleichzeitig die Preise einzelner Produkte, Produktgruppen oder Leistungen senken. Das hat den Vorteil, dass es keine astreine Preiserhöhung mehr ist und Sie diese deshalb auch leichter als Preisänderung oder Preisanpassung bezeichnen können.

Und Worte entfalten Wirkung. Je mehr Preise im Rahmen der Preisanpassung auch gesenkt werden, desto glaubwürdiger ist diese Bezeichnung. Eine mögliche negative Wirkung auf den Kunden kann damit abgeschwächt werden. Der Kunde wird dadurch die eigentliche Preiserhöhung nicht so klar und stark registrieren. Eine solche Mischform muss gut überlegt und kalkuliert sein. Es gibt hierbei ein paar Regeln zu beachten.

Kleinere Preissenkungen zwischendurch

Kleinere Preissenkungen können ungefragt zwischendurch gemacht werden. Eine noch so kleine Preisreduktion hinterlässt einen positiven Eindruck beim Kunden.

Preispsychologisch betrachtet sind diese für den Kunden wie Gewinne oder Geschenke und wirken dann am stärksten, wenn er sie nicht erwartet oder gar erfragt oder verhandelt hat.

Wenn Sie immer wieder einmal solche kleineren Preissenkungen umsetzen und dem Kunden kommunizieren, schafft dies ein positives Gefühl beim Kunden und Sie wirken dem Eindruck, dass alles immer teurer wird, entgegen.

Dabei ist aus preispsychologischer Sicht die Höhe der Preissenkung und die Menge der gesenkten Produkte nicht so entscheidend. Wichtiger ist die Anzahl der Preissenkungen. Statt zehn Produkte im Juni zu senken, ist die Wirkung eine stärkere, wenn Sie über das Jahr verteilt zehn Mal ein Produkt oder fünf Mal zwei Produkte senken.

Natürlich dürfen diese kleineren Preissenkungen in Summe die Preiserhöhungen nicht neutralisieren. Schließlich geht es ja darum, die Deckungsbeiträge beizubehalten oder sogar auszubauen. Kalkulieren Sie daher alles sehr genau, was Sie an der Preisfront tun.

Preissensible Produkte weniger erhöhen

Klar ist, dass Sie bei preissensiblen, umkämpften und sehr vergleichbaren Leistungen und Produkten weniger

Spielraum für eine Erhöhung haben werden, aber dafür auch sehr kleine Senkungen durchaus Wirkung entfalten können. Vorausgesetzt Sie können es sich im Hinblick auf den Gesamtertrag leisten, gerade hier die Preise zu senken.

Exklusive Produkte stärker erhöhen

Mehr Raum für Erhöhungen bieten exklusive, hochpreisige und weniger vergleichbare Leistungen und Produkte. Nutzen Sie diesen Spielraum, wo und so gut Sie können.

Produkte mit geringen Stückzahlen mehr erhöhen

Leistungen und Produkte, von denen der Kunde nicht viel kauft, können Sie mehr erhöhen. Sie fallen nicht so sehr ins Gewicht für den Kunden, weil diese Produkte nicht in seinem Fokus sind. So sind etwa die Gitterroste, die als Schmutzfänger vor den Eingängen von Gebäuden liegen, für den Bauherren ein sehr kleiner Kostenfaktor im Verhältnis zum Beton oder den Ziegeln.

Bei Preiserhöhungen solcher Produkte wird der Kunde nicht so intensiv verhandeln, weil für ihn nicht so viel Einsparungspotenzial in diesen Teilen steckt. Für Sie tragen diese Erhöhungen aber durchaus zu einem betriebswirtschaftlichen Gesamteffekt bei. Umso mehr dann, wenn Gitterroste Ihr Hauptprodukt sind.

Zuerst: Was wird billiger?

Erwähnen Sie in einem Gespräch, indem Sie Preisänderungen präsentieren, zuerst jene Dinge, die billiger werden. Hier wird eine positive Basis gelegt. Der Kunde kann es dann leichter verkraften, wenn andererseits auch etwas teurer wird.

Prominente Preissenkungen besonders hervorheben

Prominente Preissenkungen, solche von Produkten, die der Kunde besonders stark im Fokus hat, sollten Sie besonders hervorheben, wenn Sie diese überhaupt machen.

Ersparnis kommunizieren

Berechnen Sie bei Preissenkungen immer auch, was das an Ersparnis für den Kunden bedeutet. Tun Sie das entweder in absoluten Beträgen oder in Prozenten – je nachdem, was aus Sicht des Kunden besser, d. h. nach mehr klingt. Bei absolut gesehenen niedrigpreisigen Produkten sollten Sie Einsparungen in Prozenten kommunizieren. 10 % von 2 Euro klingt nach sehr viel mehr als 20 Cent. Die psychologische Grenze dafür liegt oft in der Gegend von 100 €. Darüber wirken absolute Ersparnisse oft attraktiver.

Mehr Ertrag für Sie

Bei all diesen Regeln ist natürlich Folgendes zu beachten: Auch wenn Sie in Teilbereichen die Preise ab und an senken, darf das den Gesamteffekt der Erhöhung auf den Ertrag nicht zerstören. Die Kunst ist es, Erhöhungen und Senkungen so geschickt zu kombinieren, dass sich für Sie ein Deckungsbeitrags- bzw. Ertragsplus ergibt, der Kunde Ihre Maßnahmen aber dennoch nicht als massive Erhöhung wahrnimmt. Durch die Beachtung der angeführten Regeln, eine Portion Kreativität, saubere Kalkulation und viel Fingerspitzengefühl ist das durchaus möglich.

Auch im Folgenden finden Sie noch etliche Strategien, die Ihnen helfen, dieses Ziel zu erreichen.

Strategie #7 – Leistungsbestandteile verändern

Anstatt einer einfachen Preiserhöhung können Sie durchaus etwas differenzierter vorgehen. Sie können, wie im vorigen Punkt angesprochen, Preise senken und gleichzeitig erhöhen. Doch damit sind Ihre Möglichkeiten noch lange nicht erschöpft. Neben dem Preis selbst gibt es eine Reihe anderer Leistungs- und Gegenleistungsbestandteile, die für Sie ertrags- und für den Kunden kostenrelevant sind.

All diese Leistungsbestandteile Ihres Angebots können Sie im Zuge einer Preisanpassung verändern. Somit handelt es sich um ein teilweise oder sogar gänzlich anderes Angebot und ist nicht als glatte Preiserhöhung zu sehen.

Beim Hinzufügen von Produkt- oder Leistungsbestandteilen müssen Sie Folgendes beachten:

- Das, was Sie hinzufügen, muss auch einen echten Mehrwert für den Kunden mit sich bringen. Etwas hinzuzufügen, was Ihr Kunde nicht will oder braucht und dann dafür mehr Geld zu verlangen wird nicht funktionieren.
- Die Kosten für das, was Sie hinzufügen, dürfen nicht höher sein als der Mehrpreis, den Sie dafür erhalten. Ansonsten würden Sie statt mehr weniger Deckungsbeitrag erwirtschaften. Idealerweise kostet Sie das, was Sie hinzufügen, wenig oder sogar gar nichts und ist für den Kunden sehr viel wert.
- Das, was Sie hinzufügen, sollte nichts sein, das ihr Kunde gekauft hätte, wenn Sie es nicht hinzufügen würden. Dann wäre es nur eine Verschiebung und Sie würden sich den Mehrumsatz, den Sie durch die Preiserhöhung bei A erzielen, beim Zusatzverkauf von B wegnehmen.

Weglassen statt hinzufügen

So eigenartig das beim ersten Mal Lesen klingen mag. Auch das Weglassen von Teilen ihres Angebotes kann zu einer Ertragssteigerung führen. Natürlich können Sie das Weglassen normalerweise nicht mit einer Preiserhöhung kombinieren (von Ausnahmefällen abgesehen). Der Weg zu höheren Deckungsbeiträgen kann auch über eine Preissenkung führen. Ein kleines Rechenbeispiel dazu:

- Verkaufspreis alt: 100 €
- Kosten alt: 60 €
- Deckungsbeitrag alt: 40 €
- Verkaufspreis neu: 90 €
- Kosten neu: 40 €
- Deckungsbeitrag neu: 50 €

Sie sehen also, dass der Deckungsbeitrag in diesem Fall durch eine Preissenkung wachsen würde und das immerhin um 25 %. Beim Weglassen von Teilen Ihres Angebotes ist Folgendes zu beachten:

- Das, was Sie weglassen, sollte oder darf den Wert für den Kunden nur ganz wenig, am besten allerdings gar nicht mindern. Wenn es ihm gar nicht auffällt, dass Sie etwas weggelassen haben, ist das der Idealfall.

- Lassen Sie vor allem Dinge oder Leistungen weg, die für Sie direkt oder indirekt hohe Kosten verursachen. Indirekt hohe Kosten verursachen zum Beispiel:
    - Leistungen, die schlecht funktionieren und zu unzufriedenen Kunden führen.
    - Prozesse, die mühsam und aufwendig sind und nicht nur die Zeit, sondern auch die Nerven Ihrer Mitarbeiter beanspruchen, was letztlich noch teurer sein kann.
    - Materialien, die schwer zu beschaffen, zu produzieren oder zu verarbeiten sind.

Diese indirekten, oft versteckten Kosten können wesentlich höher sein, als Sie denken und Sie auf dem einen oder anderen Weg teuer zu stehen kommen. Diese im Zuge eine Preissenkung loszuwerden kann eine große Erleichterung für Sie bzw. Ihr gesamtes Unternehmen bedeuten. Wenn Sie dadurch auch noch die Deckungsbeiträge steigern, dann kann das viel besser sein als eine klassische Preiserhöhung.

Welche Leistungsbestandteile können Sie nun verändern, um Ihre Erträge zu steigern?

Das Produkt oder die Kernleistung selbst

Wenn Sie das Produkt oder Ihre Kerndienstleistung selbst verändern, gibt Ihnen das natürlich sehr gute Möglichkeiten, einen anderen, höheren Preis dafür zu fordern.

Ein Beispiel aus dem Dienstleistungsbereich

Bei dem Service einer technischen Hotline gibt es typischerweise unterschiedliche Stufen wie z. B.:

- Rückruf innerhalb von 60 Minuten
- Rückruf innerhalb von 24 Stunden
- Rückruf innerhalb von 48 Stunden

Für jede dieser Stufen gibt es unterschiedliche Preise, je schneller der Rückruf erfolgt, desto höher der Preis. Im Zuge einer Preiserhöhung könnte man nun z. B. drei neue Stufen einführen: 30 Minuten, 6 Stunden und 18 Stunden. Die Preise dafür sind zwar höher, allerdings ist der Service auch ein deutlich schnellerer. Wenn dann noch andere Leistungsfaktoren geändert werden, ist der Vergleich zur alten Version und zum alten Preis nicht mehr möglich.

Umgekehrt gedacht könnten Sie so natürlich auch eine Preissenkung vornehmen, indem Sie die Reaktionszeiten in unserem Beispiel verlängern. Das macht vor allem, wie bereits erwähnt, dann Sinn, wenn Sie eine Ersparnis dadurch haben und die neuen Zeiten die Kundenbedürfnisse immer noch erfüllen.

Das bedeutet im Klartext, dass Sie das Angebot verändern. Somit ist es streng genommen keine Preiserhöhung mehr, sondern ein neuer Preis für ein anderes Produkt bzw. eine andere Dienstleistung.

Raus aus der Vergleichbarkeit

Ein grundlegend wichtiger Punkt bei allen derartigen Überlegungen ist das Thema Vergleichbarkeit. Wenn Sie tatsächlich billiger werden, sind Transparenz und Vergleichbarkeit gut für Sie. Sie können ganz klar argumentieren, dass Sie dem Kunden dasselbe, das er vorher hatte, jetzt zum niedrigeren Preis anbieten können. Dasselbe gilt, wenn Sie im Vergleich zu anderen Mitbewerbern das billigste Angebot haben. Dann ist der klare, harte Vergleich eine gute Strategie für Sie.

Wenn Sie allerdings Preise erhöhen, ist es in vielen Fällen hilfreich, sich der Vergleichbarkeit zum alten Preis so gut es geht zu entziehen. Genau dafür sind Veränderungen am Produkt oder an der Dienstleistung eine sehr gute Strategie.

Den traditionellen Bereich verlassen

Bleiben Sie nicht nur in Ihrer angestammten Angebotskategorie – Leistungen bzw. physische Produkte – sondern überschreiten Sie diese Grenzen. Diesem Gedanken folgend, könnten Sie im Zuge einer Preiserhöhung Ihrem physischen Produkt eine Dienstleistung hinzufügen. Das Grillgerät wird z. B. auch aufgebaut oder alle zwei Jahre gereinigt. Damit hätten Sie ein neues Angebot, das sich vom alten unterscheidet. So gesehen machen Sie gar keine Preiserhöhung, sondern bringen statt Ihrer bisherigen Produkte einfach neue, veränderte, verbesserte auf den Markt, die einen anderen, oft höheren Preis haben.

Für Unternehmen, die typischerweise nur Dienstleistungen verkaufen, könnte das bedeuten, ein Produkt zur Leistung hinzufügen. Der Masseur könnte zur Massage im Zuge einer Preiserhöhung auch noch ein Öl dazugeben, das sein Klient in den Tagen nach der Massage täglich an den neuralgischen Stellen auftragen soll.

Diese Idee, das Angebot im Zuge einer Preisänderung zu verändern, ist eine durchaus komplexe, da sie die Grenzen der normalen Preiserhöhung deutlich überschreitet. Es geht letztlich um Produktentwicklung und Innovation. Gleichzeitig ist genau das ein Faktor, der sehr viel Potenzial bietet, höhere Preise zu verlangen und zu bekommen.

Abnahmemengen verändern

Das Spiel mit Abnahmemengen und Auftragsgrößen ist traditionell wahrscheinlich das mit der längsten

Geschichte. In Form von Mengenrabatten und Mindestauftragsgrößen hat es nach wie vor eine große Bedeutung. Für Ihre Preiserhöhungen können Sie daher die Menge als Stellschraube sehr gut nutzen. Zum Beispiel auf folgende Arten:

- **Führen Sie Mindestabnahmemengen ein**
  Damit können Sie eine indirekte Preiserhöhung erzielen, auch wenn Sie den Preis gleichlassen. Sie sparen Kosten und steigern so den Ertrag.

- **Verlangen Sie Mindermengenzuschläge**
  Auch das ist etwas, das Ihnen mehr Ertrag bringt, ohne dass Sie den Preis selbst verändern. Mindermengenzuschläge basieren meist auf der Idee der Mindestmengen. Sie könnten sich allerdings auch an den Mengen des abgelaufenen Zeitraums (des letzten Jahres) orientieren. In dem Fall würde Ihr Kunde höhere Preise bezahlen, wenn er weniger bei Ihnen kauft als in der Vergangenheit. Wachstum würden Sie dadurch mit gleichbleibenden Preisen belohnen.

- **Verändern Sie die Mengen- bzw. Rabattstaffeln**
  Wenn Sie bisher gewährte Rabatte an höhere Abnahmemengen als bisher knüpfen, erzielen Sie unter bestimmten Rahmenbedingungen auch

dann einen Ertragseffekt, wenn der Preis gleichbleibt.

Zahlungskonditionen

Zahlungskonditionen sind ebenso ein relevanter Bestandteil Ihres Gesamtpaketes. Wenn der Kunde schneller zahlt, hat das möglicherweise Vorteile für Sie. Genauso kann die Überlegung, eine stärkere Preiserhöhung zu machen, aber dafür längere Zahlungsziele zu bieten, für Sie und auch für den Kunden (je nach Situation) Sinn machen. Gerade in Zeiten niedriger Zinsen könnte diese Variante einer Verlängerung der Zahlungsziele in Kombination mit höheren Preisen durchaus profitabel für Sie sein.

Auch Skonti sollten bei der Gelegenheit genauer geprüft werden. Brauchen Sie die Skonti, die Sie aktuell anbieten tatsächlich noch? Und wenn ja, müssen Sie diese Höhe haben oder reichen auch 1,5 % statt 2 %? Genau diese Frage habe ich in einem Workshop mit Führungskräften eines Fensterherstellers gestellt. Die Antwort: Nein. Der Skonto wurde gestrichen. Interessanterweise haben ihn weder die Außendienstmitarbeiter noch die Kunden vermisst. Das Unternehmen konnte allein dadurch circa 200.000 € pro Jahr einsparen und so den Ertrag verbessern.

Boni

Boni aller Art bieten ein weites Spielfeld für Steuerung und Ertragsoptimierung im Zuge von Preiserhöhungen. Wenn Sie höhere Preis verlangen, aber dafür gleichzeitig Jahresboni bieten, kann das vorteilhaft für Sie sein.

- Erstens darf der Bonus natürlich nicht die Preiserhöhung im vollen Ausmaß wieder zunichtemachen.
- Zweitens können Sie Boni an bestimmte Voraussetzungen knüpfen (einen Mindestumsatz, eine bestimmte Leistungsqualität des Kunden etc.) und so im Gegenzug auch vom Kunden etwas erhalten.

So wird eine Situation geschaffen, von der Sie und der Kunde profitieren können.

Pakete

Im Grunde geht es schon während der letzten Seiten immer wieder um das Thema „Pakete schnüren“. Daher möchte ich diese nochmals explizit ansprechen. Pakete sind in vielen Fällen eine extrem gute Möglichkeit, Produkte und Dienstleistung leichter und schneller zu verkaufen, größere Umsätze zu machen und mehr Profit zu erzielen. Auch im Rahmen von Preiserhöhungen haben Pakete viel Potenzial und helfen Ihnen vor allem auch, die neuen Preise und die Erhöhungen weniger vergleichbar zu machen.

Horizontale und vertikale Pakete

Bei Paketen kann man zwischen horizontalen und vertikalen Paketen unterscheiden. Ein horizontales Paket beinhaltet mehr vom selben. Eine Kiste Mineralwasser oder eine Dreier-Box Wein sind Beispiele für horizontale Pakete.

Wird diese Box Wein allerdings noch mit einem Set Weingläser und einem professionellen Korkenzieher aufgepeppt und das Ganze in einem tollen Geschenkkorb verpackt, handelt es sich um ein vertikales Paket. In dieser Form ist ein Vergleichen der Preise eines Paketes mit anderen Preisen (vor Preiserhöhungen) oder mit den Mitbewerberpreisen nur sehr schwer möglich.

Zusätzlich können Sie auch Fremdleistungen in das Paket integrieren. Ein Bierhersteller könnte sich mit einem Hersteller von Grillgeräten zusammentun oder auch mit einem Glashersteller, der Bierkrüge produziert. Da sind Ihrer Fantasie keine Grenzen gesetzt.

Doch nicht nur im B2C-Bereich sind Pakete möglich. Auch im B2B-Bereich kann die Anwendung des Paketgedankens durchaus sinnvolle und umsetzbare Ideen hervorbringen. So ist z. B. das Operational Leasing für Firmenfahrzeuge auch ein vertikales Paket. Und auch Mobilfunkanbieter, die das Smartphone gratis oder für wenig Geld zum Vertrag hinzufügen, schnüren so ein Paket.

Zusammengefasst könnte man sagen, dass die Strategie #7 „Leistungsbestandteile verändern“ eine große Vielfalt von Möglichkeiten für Ihre Preiserhöhungen bietet. Viele dieser Ideen betreffen allerdings nicht nur den Preis an sich, sondern verändern komplette Teilbereiche des Unternehmens – Produktentwicklung, Produktion, Marketing etc.

Einige der folgenden Strategien stehen eng mit der Idee, Leistungsbestandteile zu verändern, im Zusammenhang und sind teilweise Sonderformen davon.

Strategie #8 –
Das Timing taktisch nutzen

Auch die Zeit ist in vielerlei Hinsicht eine Stellschraube, mit der Sie Ihr gesamtes Angebot verändern können. Somit knüpft diese Vorgehensweise an der vorhergehenden Strategie an.

Sie können Verträge länger oder kürzer laufen lassen – je nachdem, was Ihnen in puncto Ertrag mehr bringt bzw. Ihnen größere Chancen bietet. Bei Verträgen, die länger laufen (3 Jahre statt 1 Jahr etwa) als bisher steigt natürlich die Unsicherheit für beide Seiten. Wenn Sie allerdings zukünftige Entwickelungen besser einschätzen können als Ihr Kunde, kann Ihnen daraus ein Vorteil erwachsen.

Gerade bei länger laufenden Verträgen sollten Sie auch das Thema Indizierung nicht vergessen und ggf. Indexklauseln, durch die die Preise automatisch angepasst werden, in Ihre Verträge mitaufnehmen.

Auch der Geltungszeitpunkt für neue Preise ist eine Stellschraube in Ihrer Angebotsgestaltung, an der Sie drehen können. Eine Preiserhöhung, die etwas geringer ausfällt, aber dafür früher in Kraft tritt, kann für Ihre Deckungsbeiträge insgesamt vorteilhafter sein. Umgekehrt genauso. Berechnen Sie den Einfluss, den solche Veränderungen auf Ihre Deckungsbeiträge haben.

Strategie #9 – Preise differenzieren

Preise zu differenzieren bedeutet an dieser Stelle: aus einem Preis für ein Produkt oder eine Leistung zwei bis drei zu machen. Das ist eine Produkt- bzw. Preisstrategie, die Sie immer anwenden können. Eine geplante Preiserhöhung kann dafür aber einen willkommenen Anlass darstellen.

Lassen Sie uns einmal annehmen, ein Hersteller von Schmiermitteln für spezielle Motoren in Industrieanlagen bietet bisher nur eine Variante A um 30 € pro Liter an. Im Zuge einer Preiserhöhung differenziert er die Preise und bietet ab sofort drei statt nur einer Variante an.

- Variante A++ um 57 €
- Variante A+ um 33 €
- Variante A- um 27 €

Variante A und somit auch den alten Preis gibt es in Zukunft nicht mehr, aber der Kunde kann nun zwischen drei Varianten wählen. Er kann sogar Geld sparen, wenn er zur Variante A- wechselt, die für seine Bedürfnisse möglicherweise auch ausreichend ist. Geschickt geplant und kalkuliert wäre selbst das für den Hersteller aber nicht nachteilig, weil die Produktionskosten für A- deutlich niedriger sind.

Gleichzeitig wird es Kunden geben, die sich für A+ begeistern und wahrscheinlich auch ein paar, die sogar A++ kaufen. Insgesamt hat der Hersteller so mehr Möglichkeiten, Geld zu verdienen. Natürlich kann diese Strategie nicht bei jeder jährlichen Preiserhöhung aufs Neue angewandt werden, weil sonst die Anzahl der Varianten bald unübersehbar wäre. Außerdem ist der Aufwand, die Strategie anzuwenden, relativ hoch.

Das bedeutet, dass diese Art der Produkt- bzw. Preisdifferenzierung grundsätzlich für Sie Sinn machen muss. Diese umzusetzen, nur um eine Preiserhöhung leichter verkaufen zu können, wäre wahrscheinlich mit der Kanone auf Spatzen geschossen. Das Timing der Preiserhöhung allerdings auf eine ohnehin geplante Preis- bzw. Produktdifferenzierung abzustimmen, kann eine sehr gute Idee sein.

Verwenden Sie sprechende Namen

Ein kleiner Zusatztipp: Wenn Sie mit derartigen Varianten vielleicht sogar in Kombination mit dem Paketgedanken arbeiten, seien Sie kreativ und geben Sie den Varianten bzw. Paketen sprechende Namen. „Gold – Silber – Bronze“ sind als Bezeichnungen schon ziemlich abgegriffen. Sie könnten Ihre Bezeichnungen z. B. an Kundennutzen anlehnen:

- Sorglos-Paket
- Version „All in“
- Quick Start Package

WAS statt OB

Durch das Anbieten mehrerer Varianten verändern Sie auch die Frage, die Sie dem Kunden implizit oder auch explizit stellen: Bei einer Version stellt sich die Frage OB der Kunden das Produkt kauft. Bei mehreren Versionen hingegen verändert sich die Situation und statt der Frage nach dem OB ist es absolut legitim zu fragen *„Was davon wollen Sie haben?“* bzw. *„Für welche Version* *entscheiden Sie sich?"*. Das OB wird zum WAS und die Kaufwahrscheinlichkeit steigt.

Eine kleine Bitte

Sie haben nun etwa zwei Drittel dieses Buches gelesen. Ich hoffe, es ist bereits das eine oder andere dabei, womit Sie Ihre nächste Preiserhöhung profitabel umsetzen können. Idealerweise haben Sie das sogar bereits erfolgreich gemacht. In diesem Fall gratuliere ich besonders. Im Grunde würde es sogar reichen, wenn Sie nur zwei oder drei Strategien, die Ihnen besonders wichtig und gut umsetzbar erscheinen, auch anwenden. Allein dadurch haben Sie sehr wahrscheinlich schon mehr gewonnen, als Sie in das Buch investiert haben. Das ist der Vorteil an guten Verkaufsbüchern: Sie rechnen sich ganz schnell und leicht.

Für mich als Autor ist es wichtig, zu erfahren, wie meinen Lesern das Buch gefällt. Basierend auf Leserkommentaren überarbeite ich meine Bücher immer wieder, um sie noch gehaltvoller und praxisnäher zu machen. Wenn Sie also eine zusätzliche Idee aus Ihrer Praxis einbringen wollen, senden Sie mir einfach eine E-Mail an service@romankmenta.com.

Und natürlich würden Sie mir sehr helfen, wenn Sie auch auf Amazon bzw. der Plattform, auf der Sie das Buch erworben haben, eine Rezension hinterlassen. Würden

Sie das für mich tun? – Wenn ja, dann machen Sie es entweder gleich, wenn Sie meinen, dass Sie bereits genug gelesen haben, um eine kurze Rezension verfassen zu können. Wenn Sie das Buch zu Ende lesen wollen, bevor Sie Ihre Rezension schreiben, dann freut mich das natürlich genauso. In jedem Fall: Vielen herzlichen Dank dafür!

Warum ich diese Bitte jetzt schreibe und nicht am Ende des Buches? Die Erfahrung zeigt, dass so etwas ganz am Ende schnell übersehen wird. Und jetzt: Seien Sie gespannt auf die Strategien, die noch folgen. Ein paar der Spannendsten habe ich mir für den Schluss aufgehoben.

Strategie #10 – Preise unverändert lassen

Die nächste Strategie klingt beim ersten Lesen seltsam: Eine Preiserhöhung machen, indem Sie die Preise unverändert lassen. Theoretisch wäre sogar ein Senken dabei möglich, wie ich vorhin schon habe anklingen lassen. Wie soll das funktionieren? Dabei ist das gar nichts Neues. Sie kennen diese Strategie sicher. Statt den Preis zu erhöhen werden die Leistung bzw. die Menge reduziert.

Wenn beispielsweise bei einem Kosmetikartikel ein Viertel weniger Inhalt zum gleichen Preis angeboten wird, dann nimmt das der Kunde erwiesenermaßen leichter hin als eine Preiserhöhung desselben Produktes. Das entspricht einer Erhöhung von 33,3 %. Eine Preiserhöhung in diesem Ausmaß würde die meisten Kunden verärgern.

Im Leistungsbereich können wir eine Coachingstunde als Beispiel nehmen. Hier kann vor allem bei der Zeit angesetzt werden. Von den bisherigen 50 Minuten wird die Zeit auf 45 Minuten reduziert, bei gleichbleibendem Preis.

Obwohl wir uns als Kunden übervorteilt fühlen, wenn wir es merken, sagen preispsychologische Studien dennoch, dass diese Art der „Preiserhöhung" leichter durchsetzbar ist, als jene die Preise zu erhöhen. Vor allem im B2C-Bereich, wo Endverbraucher die Kunden sind, ist diese Strategie leichter einsetzbar, als wenn man im B2B-Geschäft etwa mit Profi-Einkäufern spricht. In jedem Fall muss diese Strategie mit viel Fingerspitzengefühl eingesetzt werden.

Strategie #11 – Teile separat verrechnen

Das Gegenteil von der Strategie „Pakete schnüren" ist es, Pakete aufzuschnüren und Teilleistungen oder Bestandteile eines Produktes, die bisher inkludiert waren, in Zukunft separat zu verrechnen. Der Preis des Produktes bleibt dabei unverändert, oder könnte sogar etwas gesenkt werden, wenn das die Kalkulation hergibt.

Ein paar Beispiele für diese Vorgehensweise:

- Zustellung als separate Dienstleistung
- Mindermengenzuschlag verlangen
- Beratung als separate Dienstleistung (wird z. B. von manchen Finanzdienstleistern gemacht)
- Fahrräder ohne Sattel, Schaltung, Bremsen etc. – ambitionierte Freizeitsportler und Profis kaufen diese Bestandteile gerne separat, um das Fahrrad auf ihre Bedürfnisse abzustimmen
- die Servicehotline für ein Softwarepaket als separate Dienstleistung anbieten

Welche Leistungen bzw. Produktbestandteile könnten Sie aus Ihrem Angebot herauslösen und separat anbieten?

Strategie #12 – Maßeinheiten verändern

Eine weitere Möglichkeit, um eine Preiserhöhung undurchsichtiger zu machen und sich der Vergleichbarkeit zu entziehen, ist es, die Maßeinheiten und Packungsgrößen zu verändern. Das kann im Grunde auf zwei Arten erfolgen:

- **Variante 1: Dieselbe Maßeinheit wie vorher verwenden, aber die Einheit verändern**
  Bier statt in 0,5-Liter-Flaschen in 0,45- oder 0,66-Liter-Gebinden abfüllen.

- **Variante 2: Zu einer anderen Maßeinheit zu wechseln**
  Lagerkosten werden statt wie bisher in Volumen nach Gewicht oder nach Stück verrechnet. Sie können auch einen eigenen Faktor errechnen, der sich aus Volumen, Gewicht und Stückzahl zusammensetzt und diesen als Maßeinheit für Ihre Preise heranziehen.

Beide Varianten werden nicht für alle Produkte oder Leistungen einsetzbar sein, werden allerdings in verschiedensten Branchen verwendet:

- Ein Aufzughersteller verrechnet nach Nutzung (absolvierten Fahrten).
- Lebensmittel werden in unrunden und ungewohnten Packungsgrößen angeboten (0,27 kg, 1,13 Liter) – Kunden tun sich dabei sehr viel schwerer, auszurechen, wie viel ein Kilogramm oder ein Liter kostet. Daher muss der Pro-Kilo- bzw. Pro-Liter-Preis auch ausgepreist sein, was meistens allerdings in extrem kleiner Schrift gemacht und vermutlich von den wenigsten Kunden gelesen wird.

- Ein Spediteur wiederum kann in Volumen, in Gewicht oder in Kilometern verrechnen oder auch in einer Kombination aus den genannten Faktoren.
- Ein Firmentraining könnte als Pauschale für die Zeit oder auch pro Teilnehmer verrechnet werden.
- Ein Taxifahrer, der das gewünschte Ziel in der Zeit X erreicht, kann mehr verrechnen bzw. weniger, wenn es länger dauert.
- Die Samoa Air hat ein Tabu gebrochen und ihre Ticketpreise nach dem Gewicht der Passagiere bemessen. Dabei muss man wissen, dass der Großteil der Insulaner stark übergewichtig ist. Es war sozusagen eine wirtschaftliche Notwendigkeit und der Profitabilität geschuldet.
- Ein Mietauto kann pro Tag oder pro Kilometer abgerechnet werden.

Maßeinheiten für Produkte oder Leistungen, die Sie für Ihre Überlegungen heranziehen können sind z. B.:

- Gewicht
- Stück
- Zeit
- Nutzungseinheiten
- Palette / Lagerplatz

- Strecke (Meter, Kilometer)
- Personen
- Zielerreichung (eine Art der leistungsorientierten Verrechnung)

Auch hier empfehle ich nicht, die Maßeinheiten zur Bemessung Ihrer Preise nur zwecks Umsetzung einer Preiserhöhung zu ändern. Wenn es aber Sinn macht und Sie beides zeitlich synchronisieren können, kann das eine gute Variante sein.

Strategie #13 – Die richtige Preisnennung

Nun zu einem taktischen, verkaufs- bzw. gesprächstechnischen Punkt. Etwas so Einfaches und Kurzes wie die Nennung Ihrer neuen Preise im Rahmen einer Preiserhöhung kann einen großen Unterschied in der Akzeptanz durch den Kunden machen. Grundsätzlich geht es dabei um die Frage: Mit wie viel Selbstbewusstsein können Sie bzw. Ihre Verkäufer die Preiserhöhung vertreten?

Ob eine Preiserhöhung vom Kunden ohne Einwände akzeptiert wird oder ob sich daraus Verhandlungen ergeben, hängt unter anderem von der Einstellung des Verkäufers zur Preiserhöhung ab. Dieser Faktor ist naturgemäß bei persönlichen Gesprächen besonders wichtig. Doch auch bei der schriftlichen Kommunikation von Preiserhöhungen kann die Formulierung einen starken Einfluss haben.

Je besser es Ihnen gelingt, die Preiserhöhung selbstbewusst, selbstverständlich und als beinahe nebensächlich zu kommunizieren, desto eher wird diese auch ohne Widerspruch akzeptiert. Der Kunde merkt, wenn Sie selbst unsicher dabei sind.

Wenn Verkäufer die Preiserhöhung unsicher bzw. unprofessionell präsentieren, laden sie die Kunden förmlich dazu ein, Einwände zu äußern und Verhandlungen über die neuen Preise und Konditionen zu starten.

Die professionelle und psychologisch richtige Preisnennung

Welche Faktoren sind es nun, die bei der Preisnennung zu beachten sind?

- **Gute Vorbereitung**
  Das Thema wurde in einem früheren Abschnitt (Strategie #4) bereits ausführlich behandelt.

- **Schriftliche Vorbereitung**
  Es hilft definitiv, sich alles, was in der Kommunikation der Preiserhöhung wichtig ist, als Vorbereitung für ein Kundengespräch aufzuschreiben.

- **Selbstbewusst und selbstverständlich**
  Wie erwähnt, ist es ein grundlegend wichtiger Faktor, die Preiserhöhung so zu kommunizieren als wäre sie gar nichts Besonderes.

- **% oder €**
  Absolute Beträge oder Prozente verwenden – je nachdem, was nach weniger klingt (bei Preiserhöhungen) bzw. nach mehr klingt (bei Preissenkungen).

Es gibt zwei weitere Punkte, die im Zusammenhang mit der Kommunikation so wichtig sind, dass sie jeweils ein eigenes Unterkapitel verdienen: Rechtfertigungen und Weichmacher. Beide haben die gleiche Ursache – zu schwache eigene Überzeugung von der Preiserhöhung – aber etwas unterschiedliche sprachliche Ausprägungsformen. Beide haben gemein, dass sie eine Einladung an den Kunden zu Einwänden gegen die Preiserhöhung darstellen und Sie viel Geld kosten können.

In zwei Drittel der Fälle werden Preisdiskussionen und Verhandlungen vom Verkäufer zuerst ausgelöst, wie Studien und Mystery Shoppings zeigen. Das passiert natürlich nicht absichtlich, sondern zumeist unbewusst. Dem Verkäufer fällt nicht einmal hinterher auf, dass er den Kunden zum Verhandeln eingeladen hat. Vielmehr ärgert er sich darüber, dass seine Kunden allzu gerne und oft verhandeln.

Und genau diese Einladungen werden durch Rechtfertigungen, Entschuldigungen und Weichmacher ausgesprochen.

Rechtfertigungen und Entschuldigungen

Es passiert ganz leicht und ziemlich oft, dass Rechtfertigungen und sogar Entschuldigungen im Zusammenhang mit der Nennung der neuen, höheren Preise in Formulierungen eingebaut werden.

Ein paar Beispiele dafür:

- *„Die Preise sind* ***zwar*** *etwas höher,* ***aber dafür*** *ist auch der Transport inkludiert."*
  Eine Rechtfertigung, die durch das „zwar" und das „aber dafür" ausgedrückt wird.

- *„Ich* ***muss*** *Ihnen* ***leider*** *mitteilen, dass wir ab 1.1. die Preise um 1,5 % erhöhen."*
  Eine Entschuldigung, kommuniziert durch das „muss" und das „leider".

In beiden Beispielen schwächt der Verkäufer seine Position enorm. Der Kunde merkt sofort, dass der Verkäufer nicht wirklich hinter der Preiserhöhung steht. „Wahrscheinlich findet er die Erhöhung selbst überzogen.", so vermutet der Kunde zurecht.

Die positive Form der Rechtfertigung ist die Nutzenargumentation. Diese ist der Rechtfertigung sprachlich nicht unähnlich. Der Grat zwischen den beiden ist ein sehr schmaler.

- *„Die Preise sind **zwar** etwas höher **und aber dafür** der Transport ist inkludiert.“*

Um sich nicht für die neuen Preise zu entschuldigen, reicht es, Worte wie „muss“ und „leider“ wegzulassen.

- *„Wir erhöhen unsere Preise ab 1.1. um 1,5 %.“*

Das klingt einleuchtend, einfach und leicht verständlich, doch in der Praxis zeigt sich, dass es gar nicht leicht ist, diese Formulierungen aus den Kundengesprächen zu verbannen. Zu oft wurden sie schon verwendet, zu stark haben sie sich unbewusst eingeprägt. In den meisten Fällen bemerken es Verkäufer nicht einmal, nachdem sie diese verwendet haben. Dasselbe gilt mindestens ebenso sehr für die Weichmacher.

Weichmacher

Weichmacher sind Wörter und Formulierungen, sowie körpersprachliche und stimmliche Verhaltensweisen, die das, was wir sagen, abschwächen. Und genau das ist natürlich bei der Kommunikation von Preiserhöhungen fatal und kostspielig.

Verbale Weichmacher bei der Kommunikation von Preiserhöhungen

Folgende Formulierungen mit Weichmacher-Wörtern bzw. Ausdrücken (fett) sind in Verkaufsgesprächen sehr häufig zu finden:

- *„Das **wären** also die neuen Preise."*
- *„Wir **würden** uns eine Preiserhöhung ab 1.1. **vorstellen**."*
- *„**Eigentlich** haben wir per 1.1. eine Preiserhöhung **geplant**."*
- *„Der neue **Listenpreis** beträgt 1.120 €."*
- *„Das **Ziel** ist es, unsere Preise um 2,5 % zu erhöhen."*
- *„**Normalerweise** erhöhen wir die Preise jedes Jahr."*
- *„Die Erhöhung für dieses Produkt beträgt **so circa / in etwa** 3 %."*
- *„Um 2 % **sollten** wir die Preise nächstes Jahr schon anheben."*
- *„Ab 1.1. **käme** Ihr Modell auf 3.340 €."*
- ***„Wir hoffen Sie sind mit einer Preiserhöhung um 3 % einverstanden."***

Diese Weichmacher Wörter signalisieren dem Kunden sehr deutlich: *„Da ist noch etwas drin! Du musst nur danach fragen! Preis verhandelbar!“*. Bei solchen Formulierungen dürfen wir uns nicht wundern, wenn Kunden Einwände gegen die Preiserhöhung vorbringen und mit Verhandlungen starten. Weichmacher sind nicht nur bei PET-Flaschen gefährlich, sondern auch bei der Preisverhandlung.

Körpersprachliche Signale als Weichmacher

Folgende Verhaltensweisen lassen den Kunden auf Unsicherheit in Bezug auf die Preiserhöhung beim Verkäufer schließen:

- Der Verkäufer weicht etwas zurück,
- er beginnt nervös zu zappeln, zu tänzeln oder auf dem Stuhl herumzurutschen,
- es fällt ihm schwer bei der Nennung der Preiserhöhung, Blickkontakt mit dem Kunden zu halten
- er drückt die Mine seines Kugelschreibers hektisch raus oder spielt nervös mit anderen Dingen, die auf dem Tisch liegen, seinen Fingern oder auch seinen Haaren (bei Menschen mit längeren Haaren ist das öfter zu beobachten).

Diese Signale haben dieselbe Wirkung wie die verbalen Weichmacher. Sie zeigen, dass der Verkäufer nicht wirklich hinter seiner Preiserhöhung steht und laden zur Diskussion ein.

Stimmliche Signale als Weichmacher

Untrügliche und gefährliche Signale, die Ihren Kunden zu Preisverhandlungen einladen, sind auch eine Reihe von stimmlichen oder sprachlichen Hinweisen:

- Der Verkäufer räuspert sich oder hüstelt,
- er spricht plötzlich leiser oder undeutlich oder
- beginnt längere und verschachtelte Satzkonstruktionen, statt kurz, knapp, knackig den Preis zu nennen.

Auch diese Signale schwächen Ihre Glaubwürdigkeit. Kunden haben einen sechsten Sinn dafür und bemerken das.

Die richtige Struktur der Preisnennung

Lassen Sie Ihren Prozentsatz, um den Sie erhöhen bzw. die neuen Preise nicht nackt stehen! Das ist die wichtigste Regel, wenn es um die Gesprächsstruktur bei der Nennung der neuen Preise im Zuge eine Preiserhöhung geht. In diese Gesprächsstruktur fließt aber alles bisher über Rechtfertigungen, Entschuldigungen und Weichmacher sowie vieles aus den Vorkapiteln ein.

Der Verkäufer sagt z. B.: *„Wir erhöhen ab Januar unsere Preise um 3,5 %.“* Dann sagt er nichts mehr. Durch das Schweigen entsteht eine – oft unangenehme – Leere, die wir (als Verkäufer aber auch als Kunde) kaum aushalten. Selbst zwei bis drei Sekunden können einem da wie eine kleine Ewigkeit vorkommen. Und das Letzte, was im Raum steht, ist der neue Preis bzw. die Erhöhung. Irgendwer muss jetzt dieses Schweigen brechen und wenn das nicht der Verkäufer ist, dann eben der Kunde.

Und was ist naheliegender als ein Kommentar zum neuen Preis. Schließlich war der das Letzte, was gesagt wurde. Und dieser Kommentar kommt dann eben oft in der Form eines Preiseinwandes. *„Puh, das ist aber schon viel!“* und ähnliche – oft schwache – Preiseinwände finden sich hier häufig. Und schon ist die erste Runde der Preisverhandlung eingeleitet.

Anstatt den Preis „nackt stehen zu lassen“, empfiehlt es sich daher für den Verkäufer nach dem Preis noch einen oder zwei Nutzen für den Kunden zu nennen und die Preisnennung mit einer Frage zu schließen, die möglichst weit von einer Preisverhandlung wegführt.

Die APNF-Methode

Nutzen Sie hierfür am besten die APNF-Methode, die aus vier Teilen besteht:

1. **Angebot** – eine kurze Zusammenfassung, worum es geht
2. **Preiserhöhung**
3. **Nutzen** – spezifische, für den Kunden relevante Nutzenargumente
4. **Frage** – die sich auf den Nutzen bezieht und vom Thema Preis wegführt

Ein Beispiel dazu:

1. Angebot: *„Wir haben für das nächste Jahr die Leistungspalette überarbeitet und verbessert."*
2. Preis: *„Im Zuge dessen kommt es zu Preisänderungen. Wir senken die Preise bei X und Y. Bei Z kommt es einer Preisanpassung nach oben in der Höhe von 3,5 %. Im Bereich A und B inkludiert der Preis in Zukunft auch Leistung C."*
3. Nutzen: *„UND damit haben Sie die Sicherheit, immer die auf Sie perfekt angepasste Leistung zu erhalten."*
4. Frage: *„Und Sie haben ja gesagt, dass Ihnen das besonders wichtig ist. Stimmt das?"*

Besonders wichtig ist es dabei:

- Nach Punkt 2 keinerlei Pause lassen (auch ½ Sekunden könnte schon etwas unsicher wirken und dem Kunden Zeit lassen, über den Preis nachzudenken), sondern direkt weiter zu sprechen.

- Die Punkte 2 und 3 mit einem UND verbinden – ein ABER leitet eine Rechtfertigung ein.
- Die Frage in Punkt 4 sehr spezifisch, auf den individuellen Nutzen des Kunden bezogen, – *„Was halten Sie davon?"* wäre zu allgemein und lässt möglicherweise wieder an den Preis denken.

So verpackt ist nicht die Preiserhöhung das Letztgenannte, sondern der Nutzen für den Kunden, was natürlich wesentlich besser für das Preisgespräch ist und die Wahrscheinlichkeit einer Preisverhandlung reduziert.

Kann der Kunde dennoch sagen: *„3,5 % ist aber schon extrem viel?"* – Ja, natürlich kann er und wird es bisweilen auch. Aber es wird unwahrscheinlicher. Sie servieren ihm den Einwand nicht auf dem Silbertablett und laden nicht zum Verhandeln ein. Leichte Einwände gegen die Erhöhung bekommen Sie so gegebenenfalls ganz vom Tisch, vor allem dann, wenn die Nennung der neuen Preise mit Selbstsicherheit und der besprochenen Selbstverständlichkeit erfolgt.

Die Preisverhandlung, die im Zuge einer Preiserhöhung stattfinden kann, ist nochmals ein ganz eigenes Thema. Dabei gibt es eine Vielzahl an psychologischen Taktiken und Strategien, die Sie einsetzen können, um noch besser abzuschneiden. Ein paar davon finden Sie in dem Buch, das Sie gerade lesen. Noch sehr viele mehr lesen Sie im Buch „Smart Preise verhandeln“.

Hier geht es zum Buch - https://amzn.to/3x0Nq9n

Wenn Sie des Öfteren Preisverhandlungen führen, dann werden Sie die verhandlungspsychologischen Tipps und Vorgehensweisen in diesem Buch interessieren und Ihnen letztlich viel Geld sparen bzw. bringen. Damit sind Sie auch auf Ihre Preiserhöhungen noch deutlich besser vorbereitet.

Strategie #14 – Rasch Umsatz generieren

Geschickt geplant können Sie eine Preiserhöhung auch dafür nutzen, rasch Umsatz zu generieren. Ob Sie diese Strategie einsetzen, hängt auch davon ab, ob Ihnen kurzfristig höhere Deckungsbeiträge oder mehr Umsatz wichtiger sind.

Wie können Sie nun die Preiserhöhung für Mehrumsatz nutzen?

- Kündigen Sie die bevorstehende Preiserhöhung zeitgerecht an, entweder schriftlich oder mündlich.
- Weisen Sie den Kunden darauf hin, dass er bis zum ... noch zum alten Preis kaufen und so Geld sparen kann.
- Schnüren Sie dafür gegebenenfalls sogar ein spezielles, großes Paket. Scheuen Sie sich in diesem Zusammenhang auch nicht vor wirklich großen Paketen, in der Höhe eines ganzen Jahresbedarfs (je nach Produkt und Branche) etwa.

Ob diese Strategie für Sie empfehlenswert ist, hängt von mehreren Faktoren ab. Wie erwähnt, generieren Sie dabei zwar rasch Umsatz, verzichten aber bei diesen Umsätzen auf den höheren Deckungsbeitrag, den Sie mit den neuen

Preisen gehabt hätten. Wenn Ihnen zu diesem Zeitpunkt allerdings der Umsatz wichtiger ist als die Marge, dann können Sie diese Strategie erfolgreich anwenden.

Dabei funktioniert diese Strategie nicht nur bei länger lagerfähigen Produkten, sondern auch bei Dienstleistungen aller Art. Selbst ein Friseur könnte ein Paket „Sechs Mal Haare waschen und schneiden" zum alten Preis anbieten. Im B2B-Bereich werden ebenso Dienstleistungen vorab in größeren Paketen gekauft und dann nach und nach abgerufen.

Die Frage, die Sie sich in diesem Zusammenhang stellen sollten, ist auch, ob Sie damit echte Zusatzumsätze generieren oder es hauptsächlich Vorziehkäufe sind, die Ihre Kunden in diesem Fall tätigen. Oft werden die Kunden nicht mehr verbrauchen, nur weil sie mehr einkaufen, sondern einfach nur einen Vorrat für einen längeren Zeitraum anlegen und länger nichts kaufen.

Es könnte aber auch sein, dass Kunden, die bei mehreren Lieferanten kaufen, durch Ihr attraktives Paket das Einkaufsvolumen zu Ihren Gunsten verschieben und weniger beim Mitbewerb einkaufen. Durch solche Angebote vor Preiserhöhungen blockieren Sie Budgets und gegebenenfalls auch Lagerfläche beim Kunden, die er dann nicht mehr für Käufe bei Ihrer Konkurrenz nutzen kann.

Ein netter Nebeneffekt: Die Preiserhöhung wird dadurch für den Kunden auch schmerzfreier. Sie trifft ihn ja nicht sofort, sondern erst Wochen oder Monate später – je nachdem wie lange sein Vorrat dann reicht.

Alles in allem ist es eine Strategie, die in der Praxis oft und erfolgreich vor Preiserhöhungen angewandt wird.

Strategie #15 –
Psychologische Preisgrenzen nutzen

Prüfen Sie im Rahmen von Preiserhöhungen Ihre Preise bzw. Preislisten auf etwaige ungenutzte Spielräume bis zur nächsten psychologischen Preisgrenze. Das kann eine sehr profitable Vorgehensweise zur Preisoptimierung sein.

Psychologische Preisgrenzen finden sich grundsätzlich an allen runden Zahlen – 5, 10, 20, 50, 100, 500, 1.000, 10.000 usw.. Je größer die Zahlen werden, desto größer werden auch die Abstände zwischen den psychologischen Preisgrenzen.

Besonders wichtig können solche Grenzen sein, bei denen eine Ziffer hinzukommt – von 9,99 auf 10,00 oder von 999 auf 1.000. Der gefühlte Unterschied zwischen 999 und 1.000 ist größer als der tatsächliche. Jener ist nur 1 €.

Das bedeutet, dass es oftmals empfehlenswert sein kann, unter dieser psychologischen Preisgrenze zu bleiben. Gleichzeitig bedeutet das aber auch, dass die gefühlten Unterschiede unterhalb dieser Preisgrenzen nicht so stark empfunden werden.

So macht es z. B. möglicherweise (abhängig von Produkt, Branche und Markt) keinen Unterschied für die Kaufbereitschaft des Kunden, wenn ein Produkt statt 27 € nach der Preisänderung 29 € kostet. Doch dabei sprechen wir immerhin von 7,4 %. Selbst zwischen 9,50 € und 9,90 € sind noch 4,2 % versteckt und das ist mehr als der prozentuelle Gewinn vor Steuern vieler Unternehmen.

Gerade bei kleinen Produkten bzw. kleinen Teilleistungen kann es sehr, sehr große Unterschiede ausmachen, wenn Sie den Raum bis zur nächsten größeren psychologischen Preisgrenze nutzen.

Strategie #16 – Die richtigen Argumente verwenden

Die große Frage, die sich viele Verkäufer stellen, ist: Wie soll ich die Preiserhöhung dem Kunden gegenüber argumentieren. Bei der Antwort auf diese Frage kommt es darauf an, ob es um eine Kostenanpassung oder um eine echte Preiserhöhung geht. Die Argumente sind jeweils verschieden.

Bei Kostenanpassungen – also Preiserhöhungen, die Sie infolge von Kostensteigerungen durchführen und die für Sie keine höhere Marge bringen – liegen die Argumente für die höheren Preise auf der Hand. Es sind die gestiegenen Kosten.

Welche dabei besonders wichtig und als Argument besonders schlagkräftig sind, hängt von der Art Ihres Geschäftes ab. Es eignen sich vor allem jene Kosten als Argument für die Preissteigerung, bei denen jedem Kunden sofort klar ist, dass Sie in diesem Bereich viel Geld ausgeben.

Die verbreitetsten Kostenfaktoren, die Sie im Zuge Ihrer Preiserhöhung nutzen können, sind:

- Arbeits- und Personalkosten
- Material- und Rohstoffkosten
- Lagerkosten
- Mieten
- Kosten für Absicherung
- Währungsschwankungen (wenn in Fremdwährungen eingekauft wird)
- Kosten, die durch neue gesetzliche Auflagen verursacht werden

- Kosten, die durch klimatische Sondersituationen verursacht werden (besonders heiße oder kalte Saisons)

Im speziellen Fall kann es aber auch noch ganz andere Kosten geben, die für Sie bedeutend sind.

Wie in einem früheren Kapitel (Strategie #2) erwähnt, ist das richtige Timing hier besonders nützlich. Wenn alle Medien berichten, dass die Rohstoffpreise in dem für Sie relevanten Bereich stark gestiegen sind, ist es auch für Ihre Kunden leicht nachvollziehbar, dass Sie die Preise entsprechend anpassen müssen.

Laut Aussagen von Verkäufern und Unternehmern ist es aber nicht so, dass Kunden dann, wenn die Kosten wieder sinken (wie es gerade bei Rohstoffen z. B. auch der Fall sein kann), auch eine Preissenkung erwarten oder verlangen. So betrachtet können Sie über Kostenanpassungen mittelfristig auch eine Margensteigerung erzielen.

ABSCHLUSS

Die in diesem Buch bearbeiteten Strategien, Tipps und Vorgehensweisen sind lange nicht alles, was im Zusammenhang mit Preiserhöhungen für Sie wichtig sein kann. Doch ich bin überzeugt, wenn Sie das, was Sie hier gelesen haben – bzw. die für Sie davon passenden Dinge – anwenden, schaffen Sie es, Ihre nächste Preiserhöhung erfolgreich und profitabel umzusetzen.

Sollten Sie dieses Buch gekauft haben, weil Sie schon lange keine Preiserhöhungen gemacht haben, aber wissen, dass es an der Zeit ist, eine solche durchzuführen, dann hoffe ich, dass ich die nötigen Impulse setzen konnte, um Sie zum Handeln zu bewegen.

Manche der in dem Buch bearbeiteten Strategien gehen weit über das Thema Preiserhöhungen hinaus und sind dazu angetan, Ihr Unternehmen komplett zu verändern. Wenn das der Fall ist und ich dazu beitragen konnte, dann freut mich das.

Schreiben Sie mir gerne – per Mail, als Kommentar auf meinem Blog oder in den Sozialen Medien – Ihre Erfahrungen damit.

Wie bereits erwähnt, würde es mich ganz besonders freuen und mir helfen, wenn Sie mir eine Rezension auf Amazon hinterlassen. Dafür bedanke ich mich jetzt schon recht herzlich.

Viel Erfolg beim Preise erhöhen und profitable Geschäfte!

Ihr

ÜBER DEN AUTOR

Marketing- und Preisexperte Roman Kmenta ist seit mehr als 30 Jahren als Unternehmer, Keynote Speaker und Bestsellerautor international tätig. Der Betriebswirt und Serienunternehmer stellt seine langjährige, internationale Marketing- und Verkaufserfahrung im B2B- wie B2C-Bereich heute über 100 Top-Unternehmen sowie vielen Kleinunternehmen und Einzelunternehmern in Deutschland, der Schweiz und Österreich zur Verfügung.

Mehr als 25.000 Menschen lesen wöchentlich seinen Blog bzw. hören seinen Podcast. Mit seinen Vorträgen gibt er Verkäufern, Führungskräften und Unternehmern Denkanstöße zum Thema „profitables Wachstum“ und setzt bei seinen Zuhörern und Lesern Impulse in Richtung eines wertorientierten Verkaufs- und Marketingansatzes.

www.romankmenta.com

Foto: Matern, Wien

Nie mehr sprachlos in Preisgesprächen

Zu teuer! – Hören Sie das immer wieder in Preisverhandlungen? Damit Sie in Preisgesprächen nie mehr sprachlos sind und immer die passende Antwort zur Einwandbehandlung parat haben, finden Sie in diesem Buch 118 Antworten auf Preiseinwände. Das Spektrum geht von frech bis überzeugend, von vernünftig und kalkuliert bis humorvoll ... in jedem Fall aber profitabel!

Mit diesem Buch werden Sie:

- in Preisverhandlungen immer die passende Antwort auf Einwände finden,
- neue Verhandlungstechniken und Methoden der Einwandbehandlung kennenlernen,

- lernen, psychologische Tipps und Strategien in der Preisverhandlung effektiv einzusetzen,
- Ihre Verhandlungsführung erfolgreicher machen,
- beim Preise verhandeln bessere Ergebnisse erzielen,
- mehr Spaß bei der Preisverhandlung haben.

Leserstimmen

- *„Von pragmatisch bis emotional, frech und vor allem für verschiedenste Branchen und Situationen umsetzbar."*
- *„Im Vertrieb geht es oft um Reframing und Wortgewandtheit. Man merkt, dass die lange Liste aus einem großen Erfahrungsschatz entstanden ist, der seinesgleichen sucht."*
- *„Top! – Ich habe schon viele teure Seminare besucht und viel weniger in der Praxis anwendbare Sprüche erhalten."*
- *„Frech, innovativ, mutig und selbstbewusst seinen Wert verkaufen!"*
- *„Selten so gelacht und so vieles wiedergefunden!"*

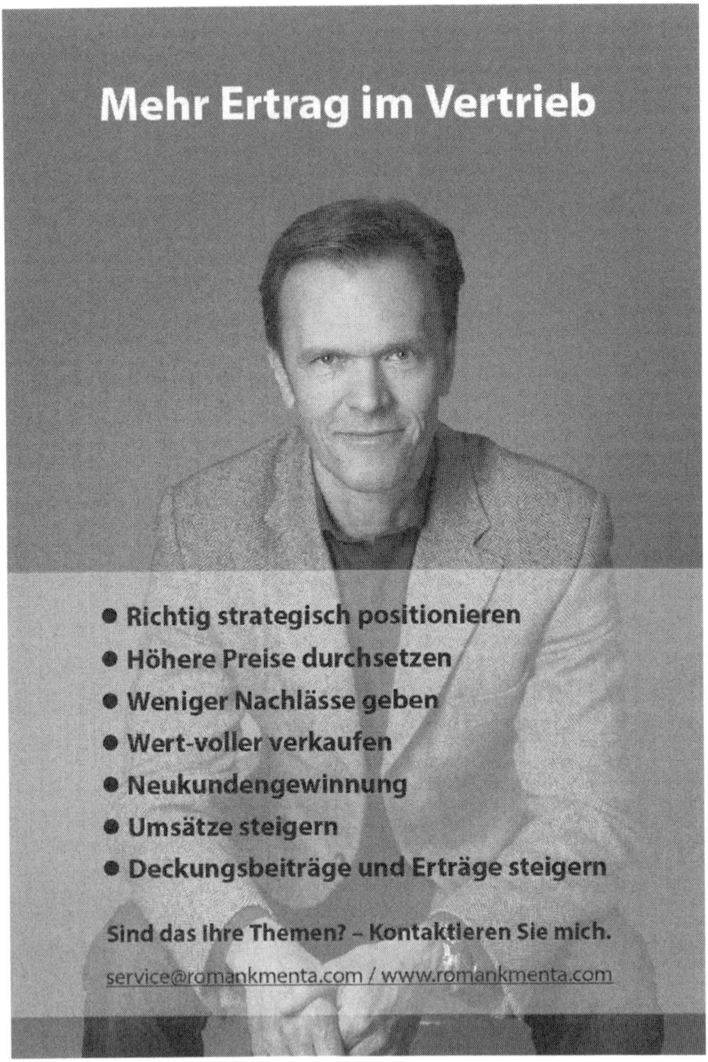
Mehr Ertrag im Vertrieb
Richtig strategisch positionieren
Höhere Preise durchsetzen
Weniger Nachlässe geben
Wert-voller verkaufen
Neukundengewinnung
Umsätze steigern
Deckungsbeiträge und Erträge steigern
Sind das Ihre Themen? – Kontaktieren Sie mich.
service@romankmenta.com / www.romankmenta.com

Das Verkaufsbuch als Roman – kurzweilig und Augen öffnend

Jochen verkauft Autos und ist mäßig erfolgreich dabei. Dann bekommt er einen neuen Chef und alles beginnt sich zu verändern. Nicht nur, dass mit dem Prozess, den dieser in Gang setzt, berufliche Grenzen weit jenseits dessen verschoben werden, was Jochen für möglich gehalten hätte. Diese Veränderungen stellen sein gesamtes Leben auf den Kopf. Und alles beginnt mit zwei kleinen Worten – „Be Cause“.

NLP im Verkauf – Vom Profi zum Top Experten

Geschickt verpackt NLP Lehrtrainer und Autor Roman Kmenta Strategien und Techniken der Neurolinguistischen Programmierung in einen packenden, lebensnahen Roman, in der ein Verkäufer die Hauptrolle spielt. Metaprogramme, Spiegeln / Pacing, Augenbewegungsmuster, Rapport und eine Reihe weiterer NLP Konzepte, die für den Vertrieb relevant sind, sind mit der spannenden und kurzweiligen Story eng verwoben. Ein NLP Buch, das unterhält und mit dem selbst Profis auf einem ganz neuen Niveau verkaufen lernen können.

Mit diesem Buch werden Sie

- ✓ lernen, Ihre Kunden und die Welt mit ganz neuen Augen zu betrachten
- ✓ eine Fülle von Dingen wahrnehmen, die Ihnen bisher vollkommen entgangen waren
- ✓ erfahren, was die wahrhaft entscheidenden Faktoren in Verkauf und Kommunikation sind
- ✓ lernen, Ihren Verkauf in eine ganz neue Dimension zu entwickeln
- ✓ Ihr Business massiv voranbringen und möglicherweise auch Ihr Leben verändern.

Seien Sie gespannt und lassen Sie sich überraschen.

Der Impulsvortrag für Ihr nächstes Event

„Nicht um jeden Preis -
Ein Plädoyer für das Wertvolle in Zeiten des Billigen"

Keynote Speaker Roman Kmenta bringt Motivation für Führungskräfte, Unternehmer, Verkäufer und Vertriebspartner auf Ihrer nächsten Veranstaltung.

Anfragen unter:
service@romankmenta.com
www.romankmenta.com

„Er war einfach super! Ganz, ganz toll. Sowohl inhaltlich als auch rhetorisch hervorragend. Seine humorvollen Einlagen und Geschichten haben den Vortrag perfekt abgerundet!"

Karin Furtner| GF Frau in der Wirtschaft
Wirtschaftskammer Vorarlberg

Printed in Poland
by Amazon Fulfillment
Poland Sp. z o.o., Wrocław

91724871R00069